本教材的出版得到山东大学教育教学改革研究项目
（2022Y275）的资助

哲学与人生

杨同卫　著

学苑出版社

图书在版编目（CIP）数据

哲学与人生/杨同卫著.—北京：学苑出版社，2024.4（2024.8重印）

ISBN 978-7-5077-6921-0

Ⅰ.①哲… Ⅱ.①杨… Ⅲ.①人生哲学 Ⅳ.①B821

中国国家版本馆 CIP 数据核字 (2024) 第 058509 号

责任编辑：张鹏蕊
出版发行：学苑出版社
社　　址：北京市丰台区南方庄 2 号院 1 号楼
邮政编码：100079
网　　址：www.book001.com
电子邮箱：xueyuanpress@163.com
联系电话：010-67601101（营销部）　010-67603091（总编室）
印　刷　厂：北京建宏印刷有限公司
开本尺寸：880 mm × 1230 mm　1/32
印　　张：8.25
字　　数：138 千字
版　　次：2024 年 4 月第 1 版
印　　次：2024 年 8 月第 2 次印刷
定　　价：40.00 元

目录

第一章　绪　论 / 1

第二章　思想方法 / 14

第三章　苏格拉底的人生智慧 / 28

第四章　孔子的人生智慧 / 42

第五章　孟子的人生哲学思想 / 60

第六章　杨朱的哲学思想 / 77

第七章　老庄的人生哲学 / 91

第八章　伊壁鸠鲁的人生哲学 / 107

第九章　卢梭的人生哲学思想 / 120

第十章　萨特的人生哲学思想 / 137

第十一章　加缪的人生哲学 / 151

第十二章　叔本华的人生哲学思想 / 172

第十三章　尼采的人生哲学 / 188

第十四章　朱熹的哲学思想 / 206

第十五章　王阳明的心学智慧 / 224

第十六章　苏轼的诗意人生 / 237

前言

人生是我们每个人在这个世界上的生活过程。人从哪里来？人的一生应该怎么度过？人最后又会走向何处？可以说，文明伊始人类就开始探究这些人生问题。于是，"什么样的生活才是有意义的生活？""人生的目的与意义为何？"便成为人类永恒追问的话题。对当代大学生而言，不辱使命，不负期望，成为优秀的社会主义事业建设者和接班人，是重大的人生际遇，也是重要的人生议题。

哲学与人生课程试图以最具宏观整体性、最讲究反省批判的样式，提供一个思考的场合，让大学生们：（1）学习哲学家思考人生问题的各种路径；（2）领略哲学家提出的若干具有代表性的人生方案；（3）省思当下面临的人生议题，思考自己的人生何去何从；（4）获取人生智慧，提高心灵境界。

目前的哲学与人生教材大致可以分为三种类型：（1）注重学理性，系统分析人的本质、人生理想、人生境界、人生境遇、人生价值、人生艺术等理论问题。（2）围绕生命、困惑、信仰、语言、求真、道德、审美、自由等人生问题展开论述。（3）按照人生哲学流派及其代表人物编排教材内容。

上述三种编排方式各有优劣，本书编者更赞同第三种编写类型，因为这种编写方式：（1）更加接近哲学的本意——爱好智慧，开放心胸，寻求真理与印证价值。（2）便于引导读者去深入思考每一种人生哲学形成的背景以及其自身内在的得失与优劣，比较各种人生样式和人生图景，从而选择和接受更加适合自己的人生哲学。（3）具有更好的包容性和开放性，示范性和引导性，只要是爱好思想的年轻学子都可以按图索骥，找到自己觉得亲切而熟悉的题材，开始一段属于自己的心智旅程。

本书以人生哲学流派及其代表人物为线索，讲述了孔子、老子、庄子、朱熹、王阳明、伊壁鸠鲁、苏格拉底、卢梭、叔本华、尼采、萨特、加缪等古今中外思想大家的人生哲学。这些内容，有助于大学生找到解决人生困惑的方法，从而拥有觉醒的人生；有助于大学生进行人生选择，从而拥有自觉的人生。

因个人水平、能力有限，对古今中外哲学家思想的梳理与讨论难免浅陋或局限，某些观点也只是一家之言，敬请专家和广大读者不吝指正。期盼本书所讲所述，能够引发当代大学生对人生的哲思，希望本书内容能够成为照亮他们成长之路的一点微光。

杨同卫
2023 年 10 月

第一章 绪 论

在中国较早开设"哲学与人生"课程的台湾辅仁大学傅佩荣教授曾经说过这样一段话:"哲学不能烘面包,但是能使面包增加甜味。人生就是买面包、烘面包、吃面包的过程,若要面包好吃,需要调味的蜂蜜,而那蜂蜜应该就是哲学。"[1]

哲学的原意是爱智慧,对哲学的探究是一个开放心胸、寻求真理、印证价值的过程。人生就是生命的展开过程,人生是哲学的主要研究对象之一。本课程将带领同学们领略古今中外圣贤们对人生的看法,了解他们的生命智慧与生活艺术,从而获得人生智慧,提高心灵境界,思考自己的人生何去何从。

作为课程绪论,我们讨论四个前提性、根本性问题:"人"是什么?"人生"是什么?哲学是什么?哲学对于人生的意义。

一、"人"是什么?

"人"是什么的问题其实就是人的本质问题。自从人类诞生以来,人类就不断认识自己,力求对人的本质作出回答。

所谓事物的"本质",是一事物区别于他事物的内在规定性或根据。对于人的本质的揭示,必须同时具备以下三个条件:(1)体现人与动物的"唯一的和最后的区别";(2)能够作为人之所以为人的根据;(3)能够把人的基本属性概括起来。其中,第一个条件是为了确定人与动物的划界问题,第二个条件是为了

---

[1] 傅佩荣:《哲学与人生》,北京:东方出版社 2018 年版,第 1 页。

确立作为人的起点问题，第三个条件是为了概括作为人的共有属性问题。

古今中外的思想家们对人的本质问题进行了大量有益的探讨，提出了许多关于人的本质的看法。宗教神学家奥古斯丁认为，自由意志是人区别于动物的标志，是人的本质特征。人既可以用自己的意志行善，也可以用自己的意志作恶，而好的意志是获救的重要条件。我国当代哲学家冯友兰先生认为，人和禽兽的区别在于人是有社会属性、有道德的人，这是"人"最基本的内涵，也就是心理学所说的觉解。相应地，人是有理性的动物也就被描述为"人是有觉解的动物"。人和动物的区别是：人是理性的，有觉解的，有文化的，人的生活并不仅仅是自然界中的存在事实。比如蚂蚁筑巢，蚂蚁并不懂得筑巢是怎么一回事，其意义是什么，也未必自觉他是在筑巢，只是机械的行动而已。冯友兰根据觉解程度将人生境界划分为自然境界、功利境界、道德境界和天地境界四个层次，四个境界的差别在于觉解水平的不同。

马克思在《1844年经济学哲学手稿》中谈到人与动物的区别时说，"劳动是自由的有意识的活动"，这种"自由的有意识的活动"是人类的本质，并说"有意识的生命活动把人同动物的生命活动直接区别开来"。此处有三个关键词：自由、有意识、活动（劳动是活动的一种类型）。活动是人与动物共有的，人与动物的真正区别是"自由"和"有意识"。所以马克思说："动物的产品直接属于它的肉体，而人则自由地面对自己的产品。动物只是按照它所属的那个种的尺度和需要来构造，而人却懂得按照任何一个种的尺度来进行生产，并且懂得处处都把固有的尺度运用于对象；因此，人也按照美的规律来构造。"[1]

---

[1]《马克思恩格斯选集（第42卷）》，北京：人民出版社1972年版，第97页。

马克思对人的本质研究的历史贡献是他把人类存在的社会性突显出来。当人类社会产生后，人的生产方式、生活方式都发生了极大的改变，逐渐产生了一些新的特征，比如创造了记录思维及其成果（观念）的符号，能够进行自我形象设计，创造出宗教及各种意识形态，积累财富创造出一个为我的物质世界，等等。正是这些特征才真正把人类社会从动物世界中提升出来。

事实上，人类生产劳动的产生和进行依赖着一系列严格的条件，比如意识、理性、语言、情感、智慧等，这些特征汇集在一起才有了人类的生产劳动，缺少任何一项都不可能有人类的生产劳动。同时，这些特性也是互相作用、相互促进的。其实，这个过程在高等动物界就已经开始了，在人类这里达到了新的高度。所以，不能简单地说制造、使用工具以及社会关系是人区别于动物的本质特征，因为这些在动物界已经有了。

马克思还补充说："人的本质不是单个人所固有的抽象物，在其现实性上，它是一切社会关系的总和。"[1]这一论断从关注现实的、具体的人出发，并从人的现实的社会关系入手，为我们提供了认识人的本质的全面的、科学方法。

总之，是人的有目的、有意识、有组织的实践活动，创造了人的社会存在和社会生活，创造了人的物质文化和精神文化，创造了人的全部特征和本质力量。通过实践活动，使人与动物相分离，成为"类存在物"，并形成属人的世界；通过实践活动，使人成为对象性实践活动的主体，获得既依赖外部世界又超越外部世界的主体地位。

---

[1] 《马克思恩格斯文集（第1卷）》，北京：人民出版社2009年版，第501页。

拓展阅读：存在先于本质

本质是某个或者某类事物的特殊规定性。例如：三角形的本质是"由三条直线构成的图形"。这意味着：所有三角形都是、并且只有三角形才是由三条直线构成的图形。

萨特讨论了理解人的两种方式，一是"本质先于存在"，另一个是"存在先于本质"。

第一种：本质先于存在。所谓"本质先于存在"意思是某个或某类事物在出现之前其结构与功能、意义与价值已经被注定。"本质先于存在"的最典型的例子就是人工制品。要生产某种物品，工匠必须先要有该物品的构想——包括要达到的目的、要具备的功能，然后才能设计和制造出来。

根据欧洲人的传统宗教观念，上帝是全知全能的超级工匠，是造物主。世界本身乃至世界当中的一切事物都是上帝设计、安排和赋予的，上帝的创世之举必有充分的理据与深意。依据这种目的论式世界观，所有曾经、当下以及将会存在的生物与非生物，都是上帝编写的"宇宙剧"中的角色，都有自己的本质——被安排好的身份、角色与位置，并且必将按照剧本的安排，依次上场。在这个意义上，人的本质先于、并且决定了人的存在，每个人的存在意义，只在于努力探索、发现以及理解上帝赋予自己的身份角色，然后把自己被赋予的本质在生活中呈现出来。

第二种：存在先于本质。随着宗教的衰落与自然科学的兴起，生活在现代世界的人，普遍放弃了传统的目的论式世界观。当我们发现世界并非依照神明的剧本运作，便不再相信人是被先天注定的，每个人只是碰巧在某个时空诞生，本身没有被预先安排担当特定角色，追求某些价值，实现某种理想和目的。在哲学家萨特看来，一个人是什么、拥有什么本质、要成为哪一种人、以什么身份生活，完全是自己选择的结果，没有任何预先存在的东西规定我必须成为某一种人，每个人都是存在于某个特定的处境中，然后通过自己的选择成为拥有某种本质的人。每个人就是自己的上帝：我们存在，然后设定自己的身份角色。在这个意义上，人的存在先于其本质。

首先，"存在先于本质"意味我所选择的身份决定了我是什么。作为一个人，我最基本、最核心的面向并非先验的、被注定的，而是自我选择和行动的结果。当然，这里的选择不是仅仅停留于口头，而是落实体现在日常生活中的言行以及对不同处境的反应当中。一个不停告诉别人自己要成为画家，却从不作画，把所有时间和金钱花在吃喝玩乐的人，是不可能成为画家的。

其次，一个人对自己身份的选择是一种基本选择，生活的目的、意义和价值皆建基于这个选择之上。例如：一个人选择成为画家，他就生活在一个以"画家"为主题的世界中：画笔是实现自我不可或缺的工具，吃饭为了维持作画所需体力，打篮球是为了让大脑放松、重拾灵感，等等。

再次，人可以或必须选择，并不意味着人有无限的可能性——尽管没有人是被先天注定只能以一种身份生活，但是每个人的选择都会受到过去及当下处境的限制。

（改编自《人是自己的上帝——哲学家萨特：存在先于本质》，见 https://baijiahao.baidu.com/s?id=1648922469489421243&wfr=spider&for=pc）

二、"人生"是什么？

有一天，几个学生问苏格拉底："人生是什么？"苏格拉底没有直接回答，而是把他们带到一片很大的苹果树林边。那时正值苹果将要成熟的季节，棵棵树上都挂着果子，香味扑鼻，有的果子已经变红，红中透着亮光，似乎已经成熟；有的果子还泛着青光，在阳光的照射下，有些诱人。苏格拉底指着果园说："答案很快就会出来。"然后他要求大家按照他的吩咐，从树林的这头穿到那头，途中每人只能挑选一个自己认为最大最好的苹果，只有一次机会，不许走回头路，更没有选择两次的机会。

于是大家按照他的指示穿过苹果林，认真细致地观察，最终谨慎地挑选了自己认为最好的苹果。当大家拿着自己亲手摘下的果子来到苹果林的另一头时，苏格拉底已经在那里等候多时了。他笑着问："你们每个人都摘到了自己认为最满意的果子了吗？"大家相互无奈地你看看我，我看看你，没有一个人回答。

苏格拉底见状，接着又问："大家都怎么啦，难道你们对自己亲手摘下的果子不满意吗？""老师，让我再重新选择一次吧"，一个学生开口请求道，"我刚走进苹果林时，第一眼就发现了一个又大又红的苹果，但我当时就想园子那么大，苹果那么多，我一定能找一个最大最好的。结果当我走到苹果林尽头时，才发现第一眼看到的那个苹果就是最大最好的，可是我已经错失了机会，只能随便选一个了"。

另一个学生紧接着说："我与他恰恰相反，我刚一走进苹果林，就摘下了一个我自己认为是最大最好的果子。可是，再往前面走，我又发现眼前的任何一个苹果都比第一眼看到的要好，所以，我特别后悔自己那么早就做了决定。"

"老师，让我们都重新选择一次吧！"其他学生也都不约而同地请求。苏格拉底笑了笑，态度坚定地摇了摇头，然后语重心长地对这几个学生说："孩子们，你们不是问人生是什么吗？很简单，这就是所谓的人生——人生就是一次让人无法回头、无法重复的选择。"

关于人生还有很多有趣的比喻。有人说，人生如歌，或长或短，或豪放或婉约，或曲折幽深或浅显直白。我们无法把握人生的短长，或许也不能确保人生之歌精彩动人，但这并不妨碍我们去做一个奋力的歌者而让生命无憾。有人说，人生如弈棋，赢，固然漂亮圆满，输，也要落子无悔。如果一味注重结果，时时事事想赢不想输，这样的人生一定不是智慧的人生、快乐的人生。有人说，人生如舟，舟航行在浩渺的大江大海里，人生活在漫漫的时间长河中。舟坏了，大海依然汹涌澎湃；人没了，生命的舟搁浅了，时间长河仍旧汩汩流淌。正所谓"青山依旧在，几度夕阳红"。

是啊，人生只有一次，人生是一张单程票。人生的起点和终点我们不能掌握，但人生的过程攥在我们自己手中。作家史铁生说过：人生是一本书，出生是它的封面，死亡是它的封底。一个人不能决定自己的出生，也不能决定自己的死亡，出生和死亡，都由上帝安排，而非自己决定。人生这本书，封面和封底，我们都无法改写，由我们自己书写的，是书中的内容。而决定一本书的质量和高下的，不是封面，也不是封底，而是书中的内容。所以，人生这本书到底书写得怎样，是好是坏，是优是劣，是高是下，全在你自己。

我们说，人生就是人的生命的展开过程。人既有事实上的生命过程，更有对这个过程的理解。人的生命活动是有意识的，人使自己的生命活动本身变成自己的意志和意识的对象。人生是生物性和社会性相统一的过程；人生是物质生活与精神生活相统一的过程；人生是实然与应然相统一的过程；人生是生与死相统一的过程。人生就应该是一个把自己的理想不断地变为现实的活动过程，而这个把自己的理想不断地变为现实的活动过程就是一个创造的过程。

我们应该更加深刻地去"觉解"生活，更加热情地去拥抱生活，更加主动地去创造生活，从而把我们的世界建设成为一个更美好的世界，把我们的人生塑造成更美好的人生！

拓展阅读：杂交水稻之父袁隆平，平凡却伟大的一生

2021年5月22日，我国"杂交水稻之父""工程院院士""共和国勋章"获得者袁隆平在长沙逝世，享年91岁。

袁隆平出生于1930年9月1日，江西德安人。在20世纪三四十年代，不仅是我国，很多国家都没能实现粮食的充足供应，粮食生产落后，很多地方都是"靠天吃饭"。1948年2月至1949年4月袁隆平就读南京中央大学附中，后就读于西南农学院。1964年，袁隆平开始研究杂交水稻。当时业界认为水稻是无性繁殖，很多知名国外科学家也都坚持这一结论。可袁隆平始终认为，水稻是可以杂交的，只是人们没有发现其中的奥秘而已。上天不负有心人，在研究过程中袁隆平无意间发现了天然雄性不育株，这个发现让他激动不已。1965年，袁隆平又在14000株稻穗中找到6株雄性不育株。正是这些雄性不育株的发现为杂交水稻研究奠定了基础。

袁隆平的伟大之处在于：敢于挑战权威、挑战不可能。在袁隆平带领下创建的杂交水稻技术体系，为解决我国10多亿人口的吃饭问题做出了重大贡献。

袁隆平被誉为"世界杂交水稻之父"，1995年当选为中国工程院院士，2000年获得国家最高科学技术奖。

在接受媒体访谈中，袁隆平谈到自己心中两个尚未实现的愿望：第一，站在稻禾下乘凉；第二，杂交水稻覆盖全球。他说，希望通过进一步发展和普及杂交水稻，让世界人民生活得更好。

（改编自《我国杂交水稻之父，伟人袁隆平逝世，回顾他平凡却伟大的一生》，见 https://baijiahao.baidu.com/s?id=1700441827392793900&wfr=spider&for=pc）

三、哲学是什么？

哲学（philosophy），源于希腊文，由 philia（爱）和 sophia（智慧）两个词合成，意为爱好智慧——爱智。

"爱"这个词在希腊文中有三种不同写法，对应三种不同意思：Eros，欲望之爱；Pholio，友谊之爱；Agape，没有差等的博爱。哲学之爱，重点在于"友谊之爱"，友谊之爱是公平的、冷静的、理智的，从互相欣赏与尊重开始，进而彼此砥砺，一起走向人生之路。

何为智慧？智慧就是人们运用知识分析问题和解决问题的能力。亚里士多德说"智慧就是有关某些原理与原因的知识"，我国西汉政论家贾谊说"智慧是人们对于未来福祸的深刻预见和敏捷把握的思维能力"。当代中国著名哲学家冯契先生说："且把智慧称为认识，让它与知识和意见鼎立。意见是'以我观之'，知识是'以物观之'，智慧是'以道观之'。此三者虽同为认识，却互有分别，而且不同层次。"所谓"以我观之"是指从常人的主观角度去认知，其结果只能形成主观性的意见；"以物观之"是指从事物的客观角度去认知，结果形成系统性的知识；"以道观之"即是以道的观点来看待万事万物，而"道"是宇宙之本体，它既是超越的无限的，又是无所不在的，所以"以道观之"才能形成宽广博大的胸怀,才能具有高瞻远瞩的眼光,才能怀抱见微知著的智慧。

冯友兰认为,哲学智慧是"求穷通",穷究宇宙与人生,求得融会贯通。哲学智慧是最高智慧,它不同于实用之学,不同于感官直接得到的知识和神话幻想,它注重的是对事物之所以如此的原理的理解与思考。哲学智慧是一种"形而上"的"大智慧",它是对"天道"和"人道"以及社会发展之"道"的透彻领悟。这种智慧是中国古代思想家庄子所言的"判天地之美,析万物之理",司马迁所言的"究天人之际,通古今之变",张载所言的"为天地立心,为生民立命"。一言以蔽之,哲学所爱之"智慧"是对世界与人生的博大与圆融的理解、对存在的整体领悟、对人类境遇的焦虑、对人类命运的终极关怀。

爱好智慧代表的是一种追求的过程,在这个过程中要一直保持心灵的开放;要弘扬主体意识、反思态度和探究精神;要不断去思考、追问,总是"在途中",总是为时代重大问题的认识提供新的视野和新的维度。

《尔雅》《说文》:"哲,知也。"《尚书》《孔氏传》:"哲,智也。无所不知,故能官人。""哲"的基本含义是"明智""明理""明道",是使被遮蔽的智、理和道显明出来的意思。"学"有系统化、理论化的含义。哲与学两个词合在一起作为一个词语使用,具有使被遮蔽的理和道以系统化、理论化的形式显明出来的意思,即"智慧之学""使人聪明的学问"。

哲学的重要价值之一,就是引导人们不断地深化对人生的"觉解",领悟人的生命活动的广度、深度和高度,为人的存在寻找安身立命的"支点"和"修己安人"的原则、尺度和规范。因此,我们可以有把握地说,哲学是"使人作为人能够成为人"的学问。

四、哲学对于人生的意义

就重要性而言,"智慧"关涉人类整体的命运和每个生命个体的存在,是人类不可或缺的东西。对整个人类而言,"智慧"规范并指导人们的价值取舍和人类努力的方向,关乎人类的根本选择和文明的根本走向;对每一个生命个体而言,智慧是一个人"幸福的寓所"和"安身立命之本",它使个体通过对"道"的领悟,为自身的生存确立一个安身立命之根基,使个体生命得以"安顿",如此,个体才能够体验到人生的喜悦、欢乐和幸福。从反思的意义上说,没有智慧真理就会被遮蔽,社会就会僵化,信仰就会变成教条,想象就会变得呆滞,精神就会陷入贫瘠。

1. 哲学可以使人伟大、使世界具有意义,并指导每个人的生活

法国著名的数学家、物理学家、哲学家和散文家布莱士·帕斯卡(1623—1662)有一段名言:人,只不过是一根苇草,是自然界最脆弱的东西;但他是一根能思想的苇草。用不着整个宇宙都拿起武器来才能毁灭;一口气、一滴水就足以致他死命了。然而,纵使宇宙毁灭了他,人却仍然要比致他于死命的东西高贵得多;因为他知道自己要死亡,以及宇宙对他所具有的优势。因而,我们全部的尊严就在于思想。

有了智慧,世界就有了意义。王阳明说,人是天地一点灵明,"我的灵明便是天地鬼神的主宰"。冯友兰说,如果宇宙间没有人,那么它就只是一片混沌,漆黑一团。有了人、有了智慧,就能够判天地之美,析万物之理,究天人之际,通古今之变。一个人有怎样的心灵,就拥有怎样的世界:宠辱不惊,闲看庭前花开花落;去留无意,漫随天外云舒云卷。

每个人都需要哲学，人类天性之中就有一种哲学的倾向——每个人内心都希望自由，能够做自己，摆脱各种限制与压力，越来越感受到作为一个人的喜悦。那么如何才能达到这种境界？要爱好智慧。爱好智慧就是从事哲学思维，它像人生的照明灯，让我们知道该往哪里走。

大多数人随着日子一天天过去，老是忘了自己曾经立过什么志向。然而，对智慧的寻求，就可以使我们时刻回到自身，关注自己的生命状态，形成一种自制力，摆脱自然的惰性和软弱，让心灵更为自由。哲学会使你在失意时多一份希望，会使你在得意时多一份谨慎。

2. 哲学的功用在于：培养智慧、发现真理、印证价值

智慧是"以道观之"，智慧是辨析判断、发明创造的能力；哲学智慧的根本特征是"求穷通"。智慧激发人们的想象力、批判力和创造力，弘扬人们的主体意识、反思态度和探索精神。

苏格拉底认为，人生的本质意义在于追求真理，哲学家是文化的医生。康德说："我们这个时代可以成为批判的时代。没有什么东西能逃避这批判的。因为只有经得起理性的自由、公开检查的东西才能博得理性的尊敬。"英国哲学家柏林认为，如果不对假定的条件进行检验，不对假设质疑，不向前提挑战，而将他们束之高阁，社会就会陷入僵化，信仰就会变成教条，想象就会变得呆滞，智慧就会陷入贫乏。

人生的价值需要体验。知与行的统一，予人玫瑰、手有余香。实践是沟通主观和客观的唯一中介，唯有通过实践，我们才能将自己与自然及社会相结合，从而改造世界和实现自我。只有通过实践，我们才能确认自我、发挥自我和实现自我，使自我在实现自己的人生目标中得到永恒。

【思考与讨论】

1. 你认为智慧与知识、信息的区别是什么？
2. 你认为哲学对于人生的意义是什么？
3. 马克思说过："人使自己的生命活动本身变成自己意志的和意识的对象。他是有意识的生命活动。""有意识的生命活动把人同动物的生命活动直接区别开来。"请谈谈你对马克思这两句话的理解。

第二章 思想方法

人有理性，自然就会思想。思想方法是人们在一定世界观指导下观察、研究事物和现象所遵循的规则和程序，是思维活动的门路、程序、切入点与进入角度。掌握了思想方法有助于我们由表及里、从局部到根本地认识事物，解决问题。

一、笛卡儿的理性分析法

勒奈·笛卡儿（Rend Descartes，1596—1650）是近代西方理性主义哲学的创始人，他出版的第一部著作《谈谈方法》，宣告了近代理性主义思潮的诞生。

笛卡儿的方法论来源于其作为数学家的实践。在笛卡儿看来，数学具有绝对确定性。而笛卡儿在《谈谈方法》中试图谈论的"方法"正是既有数学那样的确定性，又能够解决数学以外问题的方法；是运用理性并在各门学问中寻找真理的方法。笛卡儿主张的理性分析方法可归纳为以下四个准则：

（1）怀疑律：绝不承认任何事物为真，除非我明明白白知道它为真。这是一套以怀疑为起点，以寻求真理为终点的方法。笛卡儿认为其以前所认识的东西，大多是凭借感官的认识和有限的思维获得的不系统、不明白的模糊认识。作为具有主观能动性的人，应采取普遍怀疑的方法将以前所认识的东西进行怀疑，排除不明确的认识，并获得新的正确的认识。普遍怀疑，是笛卡儿所重视的一个最基本的原则。

笛卡儿认为直觉和演绎是人类基本的理性精神活动。直觉是人的心灵对事物的明确、直接和没有任何异议的认识或观念；演绎是从一个确实无误的概念到另一个确实无误的新概念的推理过程。人们在实践中仅凭借直觉的自明并不完满，因为真实世界中纷繁复杂的概念或命题，需要深思熟虑和努力探索而获得，很少是不费任何力气、不耗任何精力就能直接自明而得。

（2）分析律：将我们想要解决的难题，尽可能分解成许多细小部分，以便我们能顺利解决这些难题。所有的事物可以被划分为两类，一类是简单命题，一类是复杂问题。简单命题可由直观和演绎方法而被认识，是自然之光（理性）呈现给我们的。复杂问题则有我们所不能直接认识的内容，需要探究，因而对复杂问题的认识就有了真假之别。

（3）综合律：由最简单、最容易认识的对象开始，一步步上升，如登台阶，直到获得最复杂、最难的知识。综合和分析的程序刚好相反，它把事物各个部分、侧面、属性按内在联系有机地统一为一个整体，以掌握事物的本质和规律。综合是局部到整体、从简单到复杂、从元素到系统、从子系统到母系统的不断递进、不断提升的认识过程。遵从综合法，确定的知识得到了精确的联结、不断的改进，最终获得新的更高层次的知识。

（4）周全律：处处做周全的核算与普遍的检查，直到足以保证没有遗漏任何一例为止。这正如笛卡儿所说的那样：把一切情形尽量完全地列举出来，尽量普遍地加以审视，使我确信毫无遗漏。遵循周全律意味着在思维过程中，列举出所有情形，分析所有情形的特点，以求全面、客观、准确地认识事物。

根据周全律，在研究问题的时候要使用列举法。笛卡儿把列举分为完全列举、个别列举和充足列举。如果研究对象数量大，完全列举既耗费精力，又没有必要；个别列举带有极端性、特殊性，不能反映认识对象的全貌。只有充足列举是适当的，充足列举满足两个特征：第一，充足列举是完全的，丝毫不能遗漏任何东西；第二，充足列举是有序的，即有秩序地详审一切事物。

拓展阅读：笛卡尔——我思故我在

笛卡尔（1596-1650），法国伟大的哲学家、物理学家、数学家、神学家，欧洲近代哲学的奠基人之一，被黑格尔称为"现代哲学之父"。

笛卡尔的哲学体系里最重要的也是最基础的一个命题就是"我思故我在"，这也是开启近代哲学的标志。笛卡尔认为：思想是我的一种本质属性，我思想多久，就存在多久，我只要一停止思想，自身就不复存在了；要想追求真理，我们必须在一生中尽可能地把所有的事物都怀疑一次；我是怀疑活动的主体，可以怀疑一切对象和内容。

"我思故我在"这一命题包括两部分："我思"和"我在"。思，就是怀疑、理会、肯定、否定、愿意、不愿意、想象和感觉等，无论是理性的、感性的，还是情感的一切意识活动都属于"我思"。在，就是存在。我在思考，可见我存在；只有在思考，才意味着我存在。笛卡尔这一哲学命题是想进一步强调理性和思维的重要性。人可以正确地运用理性去获得真理，而不是说真理是上帝所赐予的。

从存在论意义来看，笛卡尔认为人的主体性体现在"我思"，所有的一切都是"我思"的结果，那么我不再是神创造的，而是"我思"创造的；人成为主体，真理成为确信，人支配一切存在者，人是一切存在着的中心。

"我思故我在"的思想在怀疑中确立自我，用"自我"的理性主义怀疑心外的一切，从而把认识提到了哲学研究的首位。在笛卡尔看来，理性既是获得真理的知识的出发点，也是检验知识的真理性的标准。这样,笛卡尔把人从宗教神学的枷锁中解放出来,促进理性的解放,将人的理性抬到至高无上的地位。

（改编自：《笛卡尔——我思故我在》,见 https://baijiahao.baidu.com/s?id=1763123684244620633&wfr=spider&for=pc ）

二、培根的"四种假相"说

弗朗西斯·培根（Francis Bacon,1561 年 1 月 22 日—1626 年 4 月 9 日）,英国文艺复兴时期散文家、哲学家。英国唯物主义哲学家,实验科学的创始人,是近代归纳法的创始人。主要著作有《新工具》《论科学的增进》以及《学术的伟大复兴》等。

为了解释人类认识产生谬误的根源,培根提出了"四假相"说,这四类假相是：

第一,种族假相。"种族假相"是一种根植于人类本性之中,人所共有的一种假相。人们往往以人的感觉和理性为尺度,而不按自然的本来面目去认识事物,结果歪曲了事物的真相。所谓的"人类中心主义"就是一种种族假相。

第二,洞穴假相。如果说"种族假相"是一种集体假相,那么,"洞穴假相"则是一种个人假相。培根认为,每个人都有他"自己的洞穴"。正是由于这种洞穴的作用和影响,"使自然之光发生曲折和改变颜色"。"洞穴假相"是个体差别造成的缺陷,因个人立场、观察角度、思维方式、成见等不同而产生主观性、偏隘性,这好比中国俗语所说的"坐井观天""盲人摸象"。洞穴假相局限了人们对真理和自然认识的探求,使人们在小范围内认识科学,探求真知,目光和格局受到局限。

第三,市场假相。"市场假相"是指语言交往中产生的误解。语词的不准确、多义性以及由此而造成的理解和解释上的混乱,是形成"市场假相"的一个重要原因。市场假相，相当于现代分析哲学所要消除的"语义的混淆"。

第四，剧场假相。"剧场假相"是指从各种哲学教条以及错误的证明方法移植到人心的假相。在培根看来，"一切流行的体系都不过是许多舞台上的戏剧，根据一种不真实的布景方式来表现它们自己所创造的世界罢了"。所以，他把这种假相也称为"体系的假相"。"剧场假相"的形成，如看戏一样，虽然目的在于娱乐，但却在不知不觉中受到了剧中故事情节的感染，而使剧中所流露出的感情、思想、价值观念等，被我们所接纳、所汲取，并影响我们的思想，左右我们的行动。

首先，"四假相说"为反对迷信、反对盲目崇拜提供了强有力的支撑。其次，四假相说揭示了人们认识论上的错误根源。假相蒙蔽了人们的眼睛和理智，使人们在认识时受到成见和主观的影响，只有摒弃这些假相，人们才可能走向真理。

拓展阅读：培根——知识就是力量

弗朗西斯·培根（Francis Bacon），著名的英国哲学家、政治家、法学家和作家，现代实证主义哲学的奠基人。他的名言"知识就是力量"被广泛引用。

培根认为，知识是对自然奥秘的了解和掌握，是驾驭自然的巨大力量。培根一直深信，人类统治宇宙万物的权力深藏在知识之中。

首先，知识是对事物及其发展规律的认识。"知识"在这里并不仅仅是指书本知识或理论知识，还包括实践经验和技能知识。其次，培根认为科学知识是改造社会的巨大力量，是实现人类普遍利益的有力武器。在培根看来，知识通过发明创造、技术革新，间接地、不自觉地对社会的发展起着巨大作用。再次，培根认为知识是人自我完善的重要手段，知识在人性中具有无上权威，知识指挥着人的理性、信仰和理解。最后，推崇科学，重视知识，是人最高尚的事情。

"知识就是力量"是弗兰西斯·培根的名言，也是培根在他的全部理论活动和实践活动中坚持的一条信念。培根正是要通过对知识的追求、对知识力量的开拓和推崇，来达到振兴科学、促进生产和改造社会的目的。

（改编自《弗朗西斯·培根——知识就是力量》，见 https://baijiahao.baidu.com/s?id=1763123482266745561&wfr=spider&for=pc）

三、亚里士多德的"四因说"

亚里士多德是古希腊自然哲学的集大成者，他曾提出著名的"四因说"。亚里士多德提出"四因说"是为了找到事物的形成、运动、变化、发展和灭亡的原因，他认为哲学的任务就是寻求最普遍的原因，认为"四因说"就是事物的形成、运动、变化、发展和灭亡的最普遍的原因。"四因说"各组成要素不仅有各自丰富的内涵，而且各组成要素通过相互联系形成一个有机的整体。

（1）形式因。亚里士多德对于"事物为什么会以某一种特定的方式运动"的问题，认为事物各有其特定的形式，"形式"是事物"是其所是"的根本原因。

（2）质料因。"质料因"指的是一个事物从原料所组成的存在形式，将物质的构成追溯至零件的部分（要素、成分），即构成事物的原始质料。

（3）动力因。"动力因"是对于"事物为什么会开始或停止运动"这个问题的回答。亚里士多德认为这是事物受到外力的推动和作用的原因。

（4）目的因。"目的因"是对于"事物为什么要运动"这个问题的回答，亚里士多德认为事物都朝向各自的目的，事物的运动都是有目的的行动和活动。

亚里士多德在形式和质料的学说中阐明：形式和质料是具体事物中不可分割的两方面，也是世界万物之间的一种相对关系，可以互相转化，而不是绝对的。但是，质料必须凭借某种形式才能看出它的本质，质料是消极、被动、不定形的东西，仅仅具有构成事物的可能性；形式则是积极的，有了它才能使质料从可能性转化为现实性，使质料转化为某事物。质料因、形式因是动力因的基础，然而，没有目的因、动力因的作用也是盲目的，制成的东西也是无用的。

四、胡塞尔的现象学方法

胡塞尔（E. Edmund Husserl，1859—1938），德国哲学家、20世纪现象学学派创始人。1881年，他进入维也纳大学，并于1883年在那里获得了哲学博士学位。

胡塞尔认为单纯依靠理性的逻辑思维方法无法把握关于世界的"终极真理"，而必须依赖于一种直觉方法。"面向事情本身！"这句铿锵有力的哲理短言引发了哲学上又一次巨大的转变。那便是由传统形而上学研讨人对世界的认识以及探求万物的内在规律转向事物本身的发现——是一种回到现实中、认识现实中、在现实的事物中"直观地把握"。

所谓现象学的方法，它的根本点首先在于：非常执拗地努力查看现象，并且在思考现象之前始终忠实于现象。胡塞尔提出三种具体的认识事物的方法：

（1）描述法。认识事物先做一个客观的描述。一般的描述主要是对自然事物的表面的颜色、气味、形状等现象进行描述，而现象学的描述并非事实陈述或再现，而是在本质直观的基础上发生的，是对事物本质的洞见和明证。现象学的描述是对先验意识中涌现的最生动、最本真、最原初的事物进行如实地描述，而不是去解释、说明、分析对象，从而确保对象自身的丰富性与多样性。

（2）自由想象法。想象各种情况、各种条件对事物本质规定性的影响，从而更好地把握事物的本质。举一个比较残忍的例子：人是什么？可以展开想象：一个人断了一只手，还算是人吗？是，这是独臂人。断了一只脚呢？是，这是独脚人。被火烧得面目全非呢？是，这是一个被毁容的人。手脚都被砍掉呢？是。把头砍掉呢？这可能就不是人了吧，没有头就不能思想了，而且我们也从来没有在现实中见过一个无头人。那么，人必须有头、能思考。当然，这只是一个不够严谨的例子，它是为了说明，"少了某一特征，它还是它吗？"自由想象变更法的目的就是为了让人发现一个东西的本质特征。

（3）地平线法。人看任何东西都有一个视线范围，这个范围就是我们能够用眼睛看见的世界。例如，当你走在原野上，看到远处有一根尖尖的东西，很像犀牛角，也像教堂的塔尖，但你不知它究竟是什么，于是一定要走到一个临界点，在那一刹那才知道它到底是什么。找到认知的临界点，没有到临界点之前我们对事物的认知是模糊的判断，到临界点的一刹那才会有清晰的认知。这启示我们：应该在适当的角度以及适当的范围内认识某事物，譬如走近、站高、离远、侧面、正面、背面等。

五、诠释学：阅读的三种途径

汉斯－格奥尔格·伽达默尔（Hans-Georg Gadamer，1900—2002），德国哲学家，曾在大学攻读文学、语言、艺术史、哲学等专业，1922年获博士学位。1929年以后先后在马堡大学、莱比锡大学、法兰克福大学和海德堡大学任教。

在传统解释学中，"解释"是主体认识客体的主观意识活动。传统解释学建立在主体对客体的二元认识模式上，试图找到一种主体对客体的精准理解以及避免误解的方法。可以说传统解释学给人们提供的是一套正确的理解的原则。伽达默尔将"解释和理解"活动本身当作人的基本存在方式，从而开创了本体论意义的解释学。他排除主客二元认识模式，强调回到主客同一的境遇去看待"理解和解释"活动。人类对世界的"理解和解释"行为，不再是人处理主客体的外在关系的问题，而是人处理自己与所处世界的自我领会的内在关系的问题。

伽达默尔认为阅读文本不是简单的主体读者对客体文本的认知与把握，读者应将自己放在倾听者的位置，去倾听文本的述说，与文本构成一个交谈的整体，在对话过程中去感受文本的意义，并分析其中蕴含的真理。参考伽达默尔诠释学思想，我们来讨论阅读时的三种取向：传统、个人、文本。

（1）传统。人认识事物的时候受当时价值观、知识体系等传统的影响。人很难走出所处的时代。人自出生那一刻起，便已受到一定的历史性因素的影响，如时代环境、文化环境、家庭环境等。大环境是人自身无法改变的，是人生存的先前境遇。这就是一种"历史性"的体现。不同历史时期的特征对人的塑造会产生不同的影响，所以古代人和现代人的整体面貌也是不同的。所以，我们要把传统看成富有生机的意义世界，从它出发，再寻求它的视域与个人视域之融合。

（2）个人。个人即"六经注我"的阅读方式。阅读者用经书里的思想、智慧，来诠释自己的生命。文本境界再高，却非我的存在经验可以消化，亦即两者之间无法找到交集，又如何得到阅读效果？

通过阅读丰富我的内心世界。依托自己的成长经验来解读文本。一千个读者就有一千个哈姆雷特。《红楼梦》对于不同的人而言，是不同类型与题材的作品。侧重"个人"，要以个人的生命体验作为解释的基础，"对我有意义的，才有意义"。

（3）文本。伽达默尔的"文本"指的不仅仅是文字书写的文本，还包括艺术作品、音乐作品等历史流传物。"文本"法就是不要从传统和个人出发，而是从文章本身出发，侧重文本，直扣原典本身的意义，让原典为自己说话。用《论语》本身来解释《论语》，"我注六经"，要恭恭敬敬地学习书上教给我们的东西。读什么书都是抱着学习的态度，见山是山，见水是水。

"六经"作为原典、文本或者老师的话、书本上的话，它固然告诉人们一种知识、一种信仰、一种生存样式；但"经为写心之书"，它本身也是一种解释，是圣人、老师、作者、他人作为一种特殊的"社会存在"而提出的"一孔之见"。因此，正确地对待"六经"和一切文本的态度是：尽量完整地、准确地理解它的内涵，同时根据自己的见识、立场和需要进行"创造性地转化"。

六、为学的五个阶段：博学、审问、慎思、明辨、笃行

"博学之，审问之，慎思之，明辨之，笃行之"，出自《中庸》，意指求学初，广泛猎取，海纳百川，有容乃大；求学中，刨根问

底，仔细考察，深入分析；学得时，辨别真伪，区分良莠；学成后，践履所学，知行合一。这是为学的递进过程，正所谓厚积而薄发，举一而反三，三思而后行；行为所想，言为心声。

第一步：博学之。《论语》云："博学而笃志，切问而近思，仁在其中矣。"知立足于涉猎、博取知识。只有多读博览，方能融会贯通。俗语说："见多而识广"，反之则"孤陋而寡闻"。平日多读博览，递增其涉取的信息量，是提高鉴别与认知能力的有效途径。

鲁迅也曾论述博览的好处。他说："只看一个人的著作，结果是不大好的，你就得不到多方面的优点。必须如蜜蜂一样，采过许多花这才能酿出蜜来，倘若叮在一处，所得非常有限，枯燥了。"只有比较，才可鉴别。

第二步：审问之。"审问之"是指在阅读过程中，要善于质疑。古人云："读书无疑，视为未读"，求学者必须"读中求疑"，方能深入。

朱熹提出："读书须仔细，逐字逐句要见着落。若用工粗卤，不务精思，只道无可疑处。非无可疑，理会未到，不知有疑尔。"可见，读书长进，需不断存疑，有疑方可深入。

然而，求存疑并非易事，爱因斯坦有句名言："提出一个问题往往比解决一个问题更重要。"可见，在阅读过程中不断求疑，是深化知识、创立新意的关键。从无疑到有疑，再从有疑到破疑，这是调动思维积极性，消化知识，培养能力的必由之路。

第三步：慎思之。光读不思，读得再多必是迂腐之辈。古人早就总结出一条学思结合的原则。孔子曰："学而不思则罔，思而不学则殆。"意思是如果"学而不思"，必会被现象、学说蒙蔽、愚弄；思考而不学习，则是胡思乱想，还会导致危险。

人类知识的累积性，决定了它的总量必然越来越庞大。这样庞大的总量，远远超过了人类的记忆能力。另外，人类以往的知识中也还有相当大的一部分是错误的；还有一些知识，很难说错误，但彼此之间的见解充满了矛盾。数量极其庞大、质量良莠不齐、观点相互矛盾，这就是我们学习的时候不得不面临的现实。面对这样的现实，假如我们只是强调"学习"，结果只能是越来越迷惘。所以我们就必须"思"，必须对浩如烟海、良莠不齐、充满矛盾的知识和信息加以甄别、选择和加工。在今天这个信息爆炸、知识日益碎片化的时代，要想不罔不殆，就只有学思结合这一条明路了。

第四步：明辨之。读书正是为了明理、明德，增强人们明辨事物的能力。善于辨别是非，区分美丑。2014年5月4日习近平总书记在北京大学师生座谈会上强调，广大青年树立和培育社会主义核心价值观，要在"勤学、修德、明辨、笃实"上下功夫。其中，"明辨"是关系到"总钥匙"和"大方向"的关键，只有善于明辨是非，善于决断选择，人生才能选对路、走正路。

朱熹所说"凡事皆用审个是非，择其是而行之"，是非不是绝对的、机械的，要因事而论、因时而动，其判断结果要能够指导实践。因此可以说，学是明辨的基础，思是明辨的过程，鉴是明辨的方法，行是明辨的深化。做好了明辨这门功课，青年人就能始终保持清醒的头脑、坚定的立场和矢志不渝的信念。

学会明辨，首先要破除懒人思维，凡事要多问个为什么，多琢磨三分，只有建立在充分思考基础上的结论才能站得住脚。善于明辨，其次要在"鉴"字上下功夫。古人言，"君子有三鉴：鉴乎古，鉴乎人，鉴乎镜"，坚持从事实从发，把握本质与主流，积极追求真理。

第五步：笃行之。学为了用，学以致用，这是读书的最终目的。人们常说"知行合一、行胜于言"，就是不能将学到的东西停留在话语上，要转化为切实的行动，融入学习、生活、工作中去。

习近平总书记历来重视"知行合一"，反复强调知是基础、是前提，行是重点、是关键，必须以知促行、以行促知，做到知行合一。"知行合一"是明代思想家王阳明提出的重要思想，王阳明坚持"知行不可分作两事"，两者互相依存，彼此共同构成周而复始并有所提升的完整认知结构。一代人有一代人的际遇，一代青年也有一代青年的使命，奋斗不是口号，奋斗需要每一个中国青年立足于自身的岗位，为创造美好生活，建设美丽中国付出行动。

值得注意的是，"博学之，审问之，慎思之，明辨之，笃行之"，并不只是单向前进的顺序，还应该是一种反向促进、循环递进的过程。这种良性循环，就是现在我们提倡打造"学习型人生"和倡导"终身学习"的意义。

拓展阅读：王国维的为学三境界说

王国维在《人间词话》中说："古今之成大事业、大学问者，必经过三种之境界：'昨夜西风凋碧树，独上高楼，望尽天涯路。'此第一境也。'衣带渐宽终不悔，为伊消得人憔悴。'此第二境也。'众里寻他千百度，蓦然回首，那人却在灯火阑珊处。'此第三境也。"

做学问的第一阶段，即漫无头绪的阶段。正像宋代词人晏殊在《蝶恋花》一词中描写的那样：昨夜西风吹得碧树也凋谢了，一幅凄凉清冷的景象，一个人独自走上高楼，"望尽天涯路"，感到一片茫然。

做学问的第二阶段，即苦心绞思的阶段。它描写一个人做学问做得入迷的程度，就像宋代著名文学家柳永在《凤栖梧》中描写的那样：衣带也渐渐地宽大起来，就是人渐渐地消瘦了，也"终不悔"，还要继续刻苦钻研下去，正是"为伊消得人憔悴"。就是说研究问题，不下苦功夫，不消瘦，那就不会取得应有的成果。

做学问的第三阶段，即豁然开朗的阶段。经过漫无头绪到苦心绞思，再进到做学问的盛景——豁然开朗的境界，"蓦然回首，那人却在灯火阑珊处"，就说明已经是水到渠成了。

从王国维治学"三境界"说可以使我们得到如下领悟：其一，在开始做学问的时候，不要被漫无头绪吓倒而无所措手足，要树立远大的目标，要勇于进入科学的入口处，根除犹豫和迟疑，敢于奋进，勇于攻关。其二，做学问已经入门后，要持之以恒，要有决心，要下苦功夫，要有百折不挠的精神，始终如一。其三，当我们做学问做到"功到自然成"的时候，我们就会得到胜利的喜悦。但要深知这种喜悦是来之不易的，它是对过去忘我劳动的一种奖赏，应该百尺竿头更进一步。其四，整个治学过程是一个艰苦的历程，它是没有捷径可走的，只有那些遵循治学规律，勤恳向前迈进的人，才能达到科学的高峰。

（改编自《王国维：从彷徨迷茫到执着追求再到豁然开朗，用诗意道出人生至理》，见 https://www.sohu.com/a/371855498_475768）

【思考与讨论】

1. 请谈谈培根"四假相说"对你的启示。
2. 请谈谈你对"为学五阶段说"的理解和认识。
3. "一千个人眼中就有一千个哈姆雷特"这句话是莎士比亚说的。也有人说"一千个人心中有一千部红楼梦"。请问你是否赞同上述看法？为什么？

第三章 苏格拉底的人生智慧

苏格拉底是古希腊哲学家,他不仅推动了希腊古典哲学的全盛发展,而且首创道德哲学。苏格拉底之前的自然哲学家们穷极一生都在探寻自然、宇宙的终极存在,而苏格拉底则主张哲学应把城邦繁荣与个人幸福作为研究的主要对象,从而把哲学从天上拉到人间。苏格拉底穷其一生都在为深爱的城邦呕心沥血,可他却受到联名指控并被城邦法庭判处死刑。苏格拉底慨然赴死,展现出了他对生命价值、生命尊严、死亡超越等问题的深刻思考。

一、苏格拉底生平大事

苏格拉底的官方记录只有他去世的时间,即公元前399年春天被处死,他的出生日期迄今还没有明确的时间。根据史料记载,苏格拉底的父亲索福洛尼克斯(Sophroniscus)是一名远近闻名的石匠,苏格拉底子承父业,早年也从事石匠工作。他的母亲身材高大,是一名助产士,名叫菲娜丽特(Phainarete),意思是启迪品性。苏格拉底自称是和他母亲一样的助产士,只不过母亲是新生儿的助产士,而他是人的思想的助产士。

苏格拉底生就扁平的鼻子,肥厚的嘴唇,凸出的眼睛。容貌平凡,语言朴实,却具有神圣的思想。苏格拉底和雅典城的其他孩子一样,受过一般的初级教育。据说当时老师教授的课程分为写作、音乐和体育三类。写作课主要包括阅读与算术,音乐课是弹奏七弦琴,体育课主要在体育馆和角力学校教授,当时不会摔跤、游泳、射箭及投石的人都被认为没有受过教育。雅典城当时的国民教育，就是要从体质和思想上培养优秀的城邦公民。

  青少年时代，苏格拉底曾跟父亲学过雕刻手艺。后来他熟读荷马史诗及其他著名诗人的作品，靠自学成了一名很有学问的人，30多岁时成了一名不取报酬也不设馆的社会道德教师。苏格拉底把自己看作神赐给雅典的一个礼物、一个使者，任务就是整天到处找人谈话，讨论问题，探求真理和智慧。因此他生活的大部分是在室外度过的，他喜欢在市场、运动场、街头等公众场合与各行各业的人谈论各种各样的问题，例如，什么是虔诚？什么是民主？什么是美德？什么是勇气？什么是真理？以及你的工作是什么？你有什么知识和技能？你是不是政治家？如果是，关于统治你学会了什么？你是不是教师？在教育无知的人之前你怎样征服自己的无知？等等。

  苏格拉底的后半生大部分是在战争中度过的，他参加了公元前432年的波提狄亚战役、公元前424年的德利姆战役和公元前422年的安斐波里战役。史料记载，在波提狄亚战役中，曾一度被敌军切断一切供给，其他所有战士都身上裹着毛毡，但苏格拉底坚持身穿单薄的破旧衣服，赤脚走在结冰的地面上。苏格拉底英勇果敢，多次救了战友的性命，被部队嘉奖，可他毫不犹豫地拒绝了奖励。稍后的雅典人感叹道：如果当时其他人都像苏格拉底一样，我们就不会打败仗了，我们国家的荣誉就可以保全。后来，苏格拉底还曾在雅典公民大会中担任过陪审官。

  公元前399年，雅典城中这位用生命忠于城邦、忠于正义、忠于法律的天才，被政治家们以亵渎神和腐蚀青年的罪名判处死刑。

二、认识你自己

"认识你自己！"是刻在希腊圣城德尔斐神殿上的一句著名箴言，它告诫世人：要认识自己，明确自己的本质和特性，懂得人生的意义和价值。苏格拉底作为古希腊伟大的哲学家，他同样用这句话鞭策着自己，把这句话融入自己的思想和生活。

在苏格拉底之前，智者学派已经注意到了人的价值。普罗泰戈拉提出的"人是万物的尺度"，就要求把满足人的各种需求和欲望作为衡量事物价值的尺度。但是，这种单纯以人的欲望和需求为标准的尺度却让人一下子陷入了欲求的旋涡中，以至于忘记了人的本性和初衷。人的本性被感觉所淡化，人的初心在欲望和需求中逐渐迷失。

在苏格拉底看来，"未经省察的人生没有价值"，苏格拉底将"认识你自己"提升到了形而上学的高度。这种思维的转向也意味着苏格拉底抛弃了用感性想象解释世界的方式，而是凭借逻各斯去认识世界、解释世界。对苏格拉底而言，逻各斯或者说理性不仅是认识外部世界的途径，也是认识自己的途径，由此，苏格拉底把人的理性置于重要的位置。

关于人本身的知识，包括人的肉体和人的灵魂两个维度，苏格拉底所追问的显然是关于人的灵魂方面的问题。苏格拉底认为灵魂的重要程度远超肉体，他经常向对话者表述类似的观点，"如果你只渴望尽力获取金钱、名声和荣誉，而不追求智慧和真理，不关心如何让灵魂变成最好的，你难道不感到羞耻吗？……无论老少，最应关注的不是你们的身体或财富，而是你们灵魂的最佳状态"。[1]

在苏格拉底看来,人的身体更多地表现为一种工具性的存在,只是为灵魂提供存在的物质基础,人自身的特性是由人的灵魂彰显出来的,人应当努力使自己的灵魂变得更好,而实现的路径就是充分彰显自身的理性。苏格拉底认为,要让人回归到自己的本性和初衷,就必须把目光从外在的、自然的人身上转到内在的、有灵魂的人身上,需要从内在心灵上去"认识你自己"。

在苏格拉底看来,认识自己不是最终的目的,在把握人的本质的基础上,就要进一步追问什么是善的、人应当过什么样的生活。苏格拉底认为,人活着的意义不在于各种感觉和欲望的满足,而在于提升自己的道德境界;人的本性和初衷不在于追求各种感官和物欲的东西,而在于人的理性和灵魂。人们只有在理性和灵魂的指引下,才能分辨好和坏,区分善和恶,从而追求最高的"善"。

苏格拉底通过"认识你自己"的自我反思,将"自然的人是万物的尺度"转向了"有灵魂的人是万物的尺度"。在这一转向中,"有灵魂的人"被苏格拉底放在了最重要的位置。人只有在灵魂的指引下保持自己求"善"的初心,才能摆脱各种"欲望"和"感觉"的束缚,重新掌握人的自由意志,从容、自由地面对纷繁的世俗世界。

三、自知己无知

苏格拉底认为,知识是建立在理性基础之上的,人们所谓的"知识"是会改变的,所以并不是真正的知识。苏格拉底意识到自己没有掌握永恒不变的知识,所以自己是无知的。

---

[1] [古希腊]柏拉图:《柏拉图全集(上卷)》,王晓朝译,北京:人民出版社2018年版,第1页。

"自知己无知"赋予人们谦逊的态度，避免抱残守缺。随着科技的发展，很多人认为自己知识渊博，力量强大，"人定胜天"。但实际上，我们并没有这么大的能力，技术的发展让人类在安逸地享受技术带来的经济效益的同时，也经历一场生态危机，如森林锐减、土地退化、淡水匮乏、生物多样性锐减、温室效应、能源危机，等等。所以，苏格拉底式"自知己无知"的智慧是必不可少的，它可以让人们意识到自己的局限，改变这种"聪明的愚蠢"。

"自知己无知"让人们学会质疑权威，追求真理。从古至今，对神、某物或者某个人，人类会存在一种情结，即盲目崇拜权威。"苏格拉底式智慧"教导人们：权威并不是通常大家认为的那样总是正确无误，也会存在一定偏差，我们要时刻保持一颗质疑之心。

"自知己无知"有利于树立人的求知意识，激发人的求知欲。"自知己无知"是说人要认识到本身知识的有限性，自觉地意识到本身处在无知范围内，要不断地去探索新兴知识和新的领域。

总之，"自知己无知"在当代社会仍不失为一种大智慧，一个明智的人知道：自己知道什么，不知道什么，知道自己的"知识"，也知道自己的"无知"；除此之外，他还能评价别人的"知识"或"无知"；它赋予人们谦逊的认识态度，避免抱残守缺；帮助人们学会质疑权威，培养怀疑精神，追求真理；树立人的求知意识，激发人的求知欲。

四、美德即知识

苏格拉底人生哲学的核心要义是：德性即知识，即所有的德性本质上都存在于知识中，人的理智本性和道德本性是同一的。

人的善与恶并不是天生而来，恶的形成主要是由于缺乏善的知识，只有具备了善的知识才能够表现出善的行为，进而形成美好的品德。苏格拉底这一思想强调知识是人的道德行为的推动力，由此构建一种理性的道德哲学体系，认为人的道德具有普遍确定性和客观性，这是对希腊传统美德的发展与维护。

苏格拉底在这里所说的知识并不是通常意义的技艺性知识，比如建筑术、医术、造船术等，也不是自然哲学家们所推崇的关于数学、几何等方面的知识。当然，这些技艺性和科学性知识能够帮助人们更好地把握德性知识的本质。在苏格拉底看来，德性知识是有关人的善恶的知识、有关人如何活得好或做得好的知识、关于人如何获得幸福的知识。

所以，对苏格拉底来说，不是传统的权威、约定的流俗、俗世的习惯等决定我应该如何生活和行动，而是自己通过理性反思和伦理实践而获得的伦理知识。苏格拉底并没有将德性即知识的命题视为一种复杂的形而上学的教条来进行阐释，也没有将其当作某种逻辑上的推理来进行论证，相反，他将德性即知识的命题深深地植根于自己的生活经验本身，植根于现实的伦理实践中。

苏格拉底一生都在用他的道德知识指导他的生活实践。苏格拉底过着简朴的生活，在希腊城邦讲学从来不收取任何费用。对于苏格拉底生活的道德自律，罗素这样写道："他忍耐寒冷的毅力也是惊人的……他对于肉体情欲的驾驭，是常常为人所强调的。他很少饮酒，但当他饮酒时，他能喝得过所有的人；从没有人看见他喝醉过。在爱情上，哪怕是在最强烈的诱惑之下，他也始终是'柏拉图式'的；假如柏拉图所说的话是真的。他是一个完美的奥尔弗斯式的圣者；在天上的灵魂与地上的肉体二者的对立之中，他做到了灵魂对于肉体的完全的驾驭。他在最终时刻对于死亡的淡漠，便是这种驾驭力的最好证明。"[1]

色诺芬在《回忆苏格拉底》一书中说："在他的私人生活方面，他严格遵守法律并热情帮助别人；在公众生活方面，在法律所规定的一切事上他都服从首长的领导，无论是在国内或是从军远征，他都以严格遵守纪律而显著地高出于别人之上。当他作议会主席的时候，他不让群众做出违反法律的决议，为了维护法律，他抵抗了别人所无法忍受的来自群众的攻击。当三十僭主命令他做违背法律的事的时候，他曾拒绝服从他们。当他们禁止他同青年人谈话并吩咐他和另外一些公民把一个人带去处死的时候，只有他一个人因这个命令与法律不合而抗拒执行。当他因米利托斯的指控而受审的时候，别的被告都习惯于在庭上说讨好法官的话，违法地去献媚他们、乞求他们，许多人常常由于这种做法而获得了法官的释放，但苏格拉底在受审的时候却决不肯做任何违法的事情，尽管如果他稍微适当地从俗一点，就可以被法官释放，但他却宁愿守法而死，也不愿违法偷生。"[2]

苏格拉底将知识和美德放在一起进行研究论述，利用知识具有的理性、确定性来论述道德的理性与确定性，反驳"道德就是情感、欲望"以及"事物的两面性"这些相对观念。后来的亚里士多德对这一伦理思想又进行了深入研究，在他看来，智慧、理性的知识是一个人不可缺少的，但也只是其中的一部分，还应当有激情和意志。

---

[1] ［英］罗素：《西方哲学史（上册）》，何兆武、李约瑟译，北京：商务印书馆1982年版，第127页。

[2] ［古希腊］色诺芬：《回忆苏格拉底》，吴永泉译，北京：商务印书馆2009年版，第162–163页。

五、苏格拉底之死

1. 苏格拉底之死的背景与缘由

苏格拉底从出生到公元前399年被处死,见证了雅典城邦民主政治的繁荣到没落的全过程。苏格拉底参与了伯罗奔尼撒战争,同时也敏锐地看到了伯罗奔尼撒战争给雅典带来的重大危害,他认为整个战争危机的根源是道德和人性的丧失,所以他坚持认为拯救雅典城邦的必然出路就是要改变人的本性。他认为政治家的使命是改善公民灵魂、教化公民从善,而现在只有他一个人在践行政治家的使命。他总是以神的旨意为由,设定相应的哲学命题,在雅典城邦找人讨论自己的观点,目的就是引导人们追求智慧和道德的善,进而来拯救公民的灵魂,批判愚蠢无知、私欲泛滥的社会风气。这正如他自己所说的,他就是上帝赐给雅典城邦的"牛虻",在城邦里飞来飞去,螫刺、警醒雅典这座如同高大而懒惰的马的城邦,让它时刻保持清醒和奋发奔腾。

青年是城邦的未来和希望,苏格拉底非常喜欢和雅典城邦的青年人交流。他试图用哲学思维重新塑造城邦的年轻人,用自己的人格魅力感召青年人,通过言传身教改变青年人。苏格拉底同青年人讨论"正义""善"等道德问题,并大力宣扬自己的哲学主张和治国理念,这无论与当时的民主政治还是寡头政治都不合拍,招致执政者的不满和迫害。公元前399年,莫勒图斯等人对苏格拉底进行指控,罪行有两条:其一,不敬城邦的神,引进新的神;其二,腐蚀青年。指控者要求对苏格拉底处以死刑。

2. 对苏格拉底的审判

按照雅典城邦的规定,法庭在审理案件的过程中,原告和被告之间的辩论是十分必要、十分重要的环节,双方辩论后得出的结论，是法官最后裁判的重要依据，对定罪量刑影响很大。据说，对苏格拉底的控告案，当时的执政官审理的方式就是要苏格拉底与指控者之间进行质问和答辩，最后让陪审团成员通过无记名投票的方式来决定苏格拉底是否有罪，或者应该不应该被处死。

苏格拉底在对两项控告申辩结束后，还在法庭作了精彩的演讲，再次重申了自己并没有腐蚀青年，也没有发明神明和不尊敬城邦的诸神，他还提出自己不会把时间花费在平衡生与死的问题上。他说：先生们，针对莫勒图斯的控告，我感到不需要作过多的申辩来为自己洗刷，我说过的已经够了。但是，你们非常明白我在前半部分所说的那些话是真的，我招惹了许多人，他们对我的深仇大恨可以置我于死地，如果有什么事发生，那么起作用的既不是莫勒图斯，也不是阿尼图斯，而是众人的谎言和嫉妒。他继续说：如果某个人一旦有了他的立场，无论他认为这种立场是最好的还是由于职责所在，那么我相信他必须面对危险，宁死勿辱，根本不会去考虑死亡或其他事情。

苏格拉底竟然如此的执着，正因为有了这份对自己理想的坚持，才酿成了苏格拉底的死亡。

3. 苏格拉底赴死

苏格拉底在法庭做完辩护和精彩的演讲后，随即由 500 人组成的审判团进行集体投票，确定苏格拉底是否有罪，结果是 280 票认为其有罪，220 票认为其无罪。对于这个结果，后来的学者认为这是骇人听闻的裁定和判决，但是苏格拉底很平静地接受了审判结果并拒绝逃离，在雅典等待执行死刑。

当时，有这样一条习俗，为了纪念史前忒修斯从克洛索强加的进贡七对童男童女的压迫中获得解放，每年派遣一只"神圣的小船"驶往得洛斯的阿波罗圣地。从这艘小船出发，直到这艘小船返回，整个城市都处于宗教气氛中，禁止执行任何死刑。对苏格拉底案件的审判恰好在这一年圣船仪式的第二天，所以，从苏格拉底被判处死刑到执行死刑中间大概有一个多月的时间。在这期间，他的朋友和学生在不断努力地营救他，千方百计地使苏格拉底免于死刑，但是苏格拉底都一一拒绝了。

终于，朝圣的船返回来了，苏格拉底也要被执行死刑了。这时的苏格拉底依然保持平静，他在临死之前还在和弟子们在狱中讨论哲学，他说真正困难的不是逃避死亡，而是避免做不义之事；不义之事比死亡更难逃避。面对神灵、雅典城邦、雅典公民和他自己，苏格拉底坚持的唯一标准永远是真理和正直。直到临近黄昏的时候，谈话结束了，苏格拉底喝下去的毒药也起作用了，一个伟人就此落幕了。苏格拉底的日常生活、法庭上的辩护以及最后的谢幕，都在践行他的人生哲学。

4. 苏格拉底之死的启示

虽然苏格拉底死了，但关于苏格拉底之死的讨论从来就没有停止过。有人说苏格拉底的死是相当悲壮的，苏格拉底的生活原则是维护城邦社会的长远利益，但他却不能为雅典公民所理解；雅典公民已被战争、政变和政客争权弄得晕头转向、意乱神迷，不能体察"牛虻"的使命和善意，也无力解救自己；苏格拉底被他所苦苦眷恋的城邦处死，不仅是他个人的悲剧，也是雅典的悲剧。

苏格拉底慨然赴死给我们最大的启示是：理性是比生命更重要的东西。理性告诉苏格拉底：人人都必须遵守协议，人人都必须服从法律的判决；逃走是错误的，接受判决才是正确的选择。因此，苏格拉底驳斥了劝他逃走的学生克里托，毅然决然地选择了接受判决，选择了死亡。即使是在生命的最后一刻，即使是在"生还是死"的问题上，苏格拉底依然是在理性的指引下做出决定。理性告诉苏格拉底选择死亡是对的，苏格拉底就毫不犹豫地选择了死亡。可见，对于苏格拉底来说，理性在价值层面上已经超越了死亡，超越了对死亡的恐惧与对生命的留恋。有人说，苏格拉底用自己的生命点燃的"理性之光"不仅最终照亮了黑暗的中世纪，引发了科学革命，推动了启蒙运动。即使到今天，人们也仍然在其光芒指引之下，勇敢地应用自己的理性，考察人类社会和宇宙之间的各种问题。或许，自古希腊以来，西方文明发生和发展的历史，都不过是在诠释苏格拉底之死的意义。[1]

苏格拉底慨然赴死给我们的另一个启示是：宁愿以死来保全生命的尊严。苏格拉底深知自己被处死刑的一个重要原因在于，他不愿厚颜无耻地向法官们做出一些"可怜状"，说一些"可怜话"，以卑躬屈膝的"奴才相"去求得宽恕。他明确表示，自己愿以死来保全生命的尊严，宁愿因那样措辞而死，不愿以失节的言语而苟活。苏格拉底认为，自己在人生的最后阶段勇于赴死，不仅能保全理性生命的尊严，更能成就精神生命的价值。在他眼中，死亡只是肉体之朽，而非灵魂之灭；死亡终止的只是人的肉体生命，而非精神生命；死亡不仅不会终止精神生命，反而能成全精神生命，延续精神生命。

苏格拉底慨然赴死还启示我们：坦然、无畏惧地面对死亡。苏格拉底对待死亡是毫无畏惧的。他认为，一辈子真正追求哲学的人，临死自然是轻松愉快的，而且深信死后会在另一个世界得到最大的幸福。真正的追求哲学，无非是学习死，学习处于死的状态。平常人认为死亡是别离与悲伤，是物质的消失与幻灭，但在苏格拉底看来，死亡仅仅是灵魂与肉体的分离。处于死的状态就是灵魂离开了肉体而独自存在。灵魂是不朽的、纯洁的，肉体是肮脏的、恶劣的，死亡意味着灵魂超脱肉体，去探求任何事物的真相与真理。苏格拉底一辈子尽心追求的，就是要成为一名真

---

[1] 李石：《生还是死：从苏格拉底的抉择看理性对死亡的超越》，《伦理学与公共事务》2020年第2期，第137–143页。

正的哲学家。因此，死对于苏格拉底来说，是他的人生追求，是精神愉悦的体现。苏格拉底用死诠释了人的价值生命高于人的自然生命。

苏格拉底之死这件事也暴露了雅典民主政治，或者说直接民主的形式存在一些严重的缺陷，容易导致国家权力的滥用和误用。直接民主，通过获得多数选票，少数服从多数，来做出重大决定。按照这个原则，多数人的决定就可以决定少数人的命运，而如果出现少数精英的某些正确意见不被大众所理解，并且通过投票将其否决掉，这时精英就会处于弱势地位。民主可以是少数服从多数，但绝不是多数压迫少数，多数人的意见和投票是不能随意剥夺少数人的生命的。古希腊是西方民主化的源头，曾经取得丰硕的民主成果，但是苏格拉底之死证明这种民主是有问题的，在民众与精英出现尖锐矛盾的时候，极易出现大众对精英的压制，近代西方民主的不断完善实质上也是在探索如何更好地协调精英与大众的关系。

拓展阅读：苏格拉底的故事

苏格拉底是古希腊著名的哲学家，他和柏拉图、亚里士多德被称为"希腊三贤"。通过长期的教学实践，苏格拉底总结出了一套独特的教学法，人们称之为"苏格拉底方法"。这种方法自始至终采用师生问答的形式，所以又叫"问答法"。苏格拉底在教学生获得某种概念时，不是把这种概念直接告诉学生，而是先向学生提出问题，让学生回答。学生回答错了，他也不直接纠正，而是提出另外的问题引导学生思考，从而一步一步得出正确的结论。

道德

有一回，苏格拉底问一个学生："人人都说要做一个有道德的人，但道德究竟是什么？"学生说："忠诚老实，不欺骗别人，才是有道德的。"

苏格拉底问："但为什么和敌人作战时，我军将领却千方百计地去欺骗敌人呢？"

学生说："欺骗敌人是符合道德的，但欺骗自己人就不道德了。"

苏格拉底反驳道："当我军被敌军包围时，为了鼓舞士气，将领就欺骗士兵说援军已经到了，大家奋力突围出去。结果突围果然成功。这种欺骗也不道德吗？"学生说："那是战争中出于无奈才这样做的，日常生活中这样做是不道德的。"

苏格拉底又追问起来："假如你的儿子生病了，又不肯吃药，作为父亲，你欺骗他说，这不是药，而是一种很好吃的东西，这也不道德吗？"学生只好承认："这种欺骗也是符合道德的。"

苏格拉底并不满足，又问道："不骗人是道德的，骗人也可以说是道德的。那就是说，道德不能用骗不骗人来说明。究竟用什么来说明它呢？"学生想了想，说："不知道道德就不能做到有道德，懂得道德才能做到有道德。"苏格拉底这才满意地笑起来。

快乐

一群年轻人到处寻找快乐，却遇到了许多烦恼、忧愁和痛苦。他们向苏格拉底请教：快乐到底在哪里？苏格拉底说："你们还是先帮我造一条船吧。"这帮年轻人把寻找快乐的事儿放在了一边。找来造船的工具，锯倒了一棵又高又大的树，用了很多天，造出一条独木舟。独木舟下水了，他们把苏格拉底请上了船，一边合力荡桨，一边齐声歌唱。苏格拉底问："孩子们，你们快乐吗？"年轻人齐声说道："快乐极了！"苏格拉底说："快乐就是这样，它往往在你为着一个明确的目的忙得无暇顾及的时候突然来访。"

（摘编自《苏格拉底的故事精选25篇》，见 https://www.duanmeiwen.com/gushi/jingxuan/221676.html）

【思考与讨论】

1. 你如何看待"苏格拉底之死"？
2. 你如何理解和评价"自知己无知"这一观点？
3. 苏格拉底的思想和生平对于你的最大启示是什么？

第四章　孔子的人生智慧

孔子（前551年—前479年4月11日）是儒家思想的创始人。汉武帝采纳儒生董仲舒的对策，罢黜百家，独尊儒术，儒学成为显学，中国从此走入经学时代（以儒学为国家统治思想），绵延两千余年而不绝。孔子对于中华民族的教育事业和文化传承做出了巨大的历史贡献，而他的一系列政治思想和主张也为后代吸收和借鉴，对国家统一、经济繁荣和社会稳定起到了巨大作用。

一、孔子生平

孔子的祖先是宋国的贵族，孔子五代祖木金父因其父孔父嘉在宫廷内讧中被杀而从宋国避祸奔鲁。叔梁纥，是孔子的父亲，是孔父嘉的五代孙，也就是从宋国避难到鲁国后的第五代了。叔梁纥武力绝伦，在当时以勇著称。他曾经立了两次战功，其中一次就是使他一战成名的偪阳之战。

鲁襄公二十二年（前551），孔子出生。鲁襄公二十四年（前549），孔子年三岁，父叔梁纥卒，葬于鲁东防山。孔子母亲颜征在离开叔梁纥家，带年幼孔子，迁居到鲁国国都曲阜城内的阙里。现山东曲阜城内，孔庙东侧仍有一条阙里街，街的北尽头即孔子故居。

鲁昭公七年（前535），孔子年十七岁，孔母颜征在卒。不久，季氏宴请士一级贵族，孔子赴宴，被季氏家臣阳虎拒之门外。孔子发愤图强，勤学好问，谦恭知礼，处世深沉，在鲁都曲阜社会包括贵族中都留下良好印象。

鲁昭公九年（前533），孔子年十九岁，娶宋之亓官氏。鲁昭公十年（前532），孔子年二十岁，仕于鲁，为委吏，生子鲤，字伯鱼。

鲁昭公十一年（前531），孔子年二十一岁。为乘田吏（管理牛羊畜牧的小吏）。

鲁昭公十七年（前525），孔子年二十七岁。郯子来朝，孔子向郯子学习古代职官制度。

鲁昭公十九年（前523），孔子年二十九岁。闻师襄善琴，遂适晋学之，熟习六艺。

鲁昭公二十年（前522），孔子年三十岁。子曰："三十而立。"（《论语·为政》）。齐景公与晏婴适鲁，问霸于孔子。孔子开始创办平民教育，收徒讲学，在最早的弟子中，比较知名的有颜路、曾点、子路等人。

鲁昭公二十一年（前521），孔子年三十一岁。齐景公遣使来聘孔子适齐。孔子过泰山侧，言苛政猛于虎。

鲁定公二年（前508），孔子年四十四岁。在鲁，孔子到雒邑问礼于老聃。

鲁定公五年（前505），孔子年四十七岁。孔子不仕，退修诗书礼乐，弟子弥众。

鲁定公九年（前501），孔子年五十一岁。鲁阳货逃奔齐国。此后，孔子始出仕，定公任命他为鲁中都宰。

鲁定公十年（前500），孔子年五十二岁。由于孔子政绩卓著，四方效仿，由此由中都宰为司空，由大司空迁为大司寇。孔子摄相事，佐定公于夹谷之会。

鲁定公十一年（前499），孔子年五十三岁。为鲁大司寇，鲁国大治。设法而不用，无奸民。

鲁定公十三年（前497），孔子年五十五岁，离开鲁国，开始周游列国。到鲁哀公十一年（前484），六十八岁的孔子返回鲁国，致力于教育和文献整理工作。孔子及其弟子周游列国历时十四载，先后到过卫、曹、宋、郑、陈、蔡、楚、齐、周等诸侯国。

鲁哀公十三年（前482），孔子年七十岁，在鲁。子曰："七十而从心所欲不逾矩。"（《论语·为政》）子孔鲤卒。

鲁哀公十四年（前481），孔子年七十一岁。颜回卒。

鲁哀公十五年（前480），孔子年七十二岁。仲由（子路）死于卫。

鲁哀公十六年（前479）夏四月己丑，孔子年七十三岁，卒。

二、孔子人生哲学的价值取向

孔子的人生哲学不是消极封闭的自我雕琢和自我满足，而是一种积极进取的社会实践。它强调个人的完善应以实现社会价值为体现，把个人与社会紧密结合起来，使每个人在为完善自我而奋进的同时，必须为社会而努力。孔子人生哲学的价值取向体现在如下三个方面：

1. 对理想人格和理想境界的追求

传统的儒家思想重视人的价值和人在自然中的重要地位，把天、地、人并称为宇宙"三才"，认为人是万物之灵，肯定了人的生存意义，强调人只能在现实中寻找人生价值。孔子重视现世不讲来世，反对超脱现实世界，如《论语·先进》云："未知生，焉知死？"孔子重人事轻鬼神，主张人们追求人生的现实价值，进而从哲学意义上提出以"仁"作为人生理想，同时又把"仁"作为宏大切近的生活准则。在他看来，人只有不断地去追求"仁"，事事处处按照"仁"的规范去做，才能实现人生价值。

既然"仁"是高尚人性的目标，那么体现了"仁"的仁人君子就是理想的人。孔子特别强调个体人格的养成,《论语·宪问》中所载"修己以敬""修己以安人""修己以安百姓"等语就体现了这种思想。

2. 对道德修养和道德实践的强调

一个有着高尚品德的人,并不只是"修己",追求"内圣",还必须兼施王者之政而安人、安百姓。可见安人、安百姓是修己的目的,修己是安人、安百姓的基础,二者的有机结合与统一才是人们所向往追求的完美理想人格。

那么,如何强化道德修养和道德实践呢?孔子强调做人要有志气,要自强、自信、自主,奋发有为,坚定不移。他生逢乱世,又屡遭逆境。当时的隐者讥笑他"知其不可而为之",劝他不要过问政治以防有性命之虞时,他却置之不顾,并教导子弟说,对这个混乱不堪的社会怎能视而不见,怎能逃离这芸芸众生?对现实不应该灰心绝望,应当相信自身的能力,救世济民。

3. 对自我实现和自我超越的重视

孔子一生自强不息、奋发向上。他认为,人的一生瞬息即逝,如同流水,切不可片刻懈怠,而应只争朝夕。他说:"朝闻道,夕死可矣。"(《论语·里仁》)。孔子虽历经坎坷,但始终无怨无悔,而且总是乐观向上。

孔子认为为了大道,每个人都要自强不息,为了大道的实现,志士仁人还必须英勇顽强,视死如归。道之所在,亦即生命价值之所在,不仅要"守死善道",而且"朝闻道,夕死可矣"。这种唯道是求的人生价值取向,既为个人实现人生价值指明了前进的方向,也为人们实现自己的抱负提供了有力的精神支柱。

三、孔子人生哲学的主要内容

1. "仁"的本质与内含

"仁"是儒家思想的重要内容，孔子和他的弟子在《论语》中多处述及。

（1）孝悌为仁之本。孝悌，本义是爱亲，是"仁"的最基本含义。就"仁"的来源问题，今人多认为《论语》中"君子务本，本立而道生。孝悌也者，其为仁之本与"（《论语·学而》）是理解孔子之"仁"的关键。"孝"以血缘为纽带，通过"子生三年，然后免于父母之怀"的抚养建立起人与父母之间最为真实、最为自然的感情，对于任何人来说这都是难以割舍的。因此，孝悌成为德性成就的现实载体，也就奠定了孝悌为仁之始的基本思路，可以总结为"孝悌为始"。

（2）仁者爱人。"爱人"是"仁"的本义，是《论语》中孔子给出的一个最重要的解释，"樊迟问仁。子曰：'爱人'。"（《颜渊》）孔子所处的时代是等级森严的社会，在贵族阶层所讲的"爱人"实际上是"爱亲"，但《论语》中所讲的仁者之爱，不仅限于爱自己、爱亲人，而且扩大到对平民和奴隶的平等之爱，即《颜渊》篇所说的"四海之内皆兄弟也"的大爱。

总之，《论语》中所讲的"仁爱"，是一种超越宗法关系和社会等级的平等之爱。"泛爱众"三字最清晰地说明了孔子所谓的"仁"是泛爱所有的民众，包括社会地位低贱的庶人和奴隶。《论语》中记有一件事能说明孔子的仁爱情怀："厩焚，子退朝，曰：'伤人乎？'不问马。"（《论语·乡党》）马圈失火，马匹和养马的都可能受到伤害。值得注意的是，孔子不问牲畜，却首先对养马的人表示了莫大的关切，仁爱之心溢于言表，这反映了他对人的生命的重视，为后世树立了"仁者爱人"的典范。

（3）克己复礼为仁。《论语·颜渊》篇记载，颜渊问仁，子曰："克己复礼为仁。一日克己复礼，天下归仁焉。为仁由己，而由人乎哉？"颜渊曰："请问其目。"子曰："非礼勿视，非礼勿听，非礼勿言，非礼勿动。"

克己是对自己不当欲望的克制，复礼是对周礼的改造。按照梁漱溟的观点，"周孔之礼"中"礼"之本质即是"理性"，"礼"并不仅仅指《礼记》《仪礼》等书中记载的各种礼乐教条和仪式之礼等外在的形式，也非人所认为的礼是为解决社会问题而人为后天制定的。真正的孔家的礼是出于我们的心情自然之表示，是天理，是生命之理。但是"礼"之涵养却是要依靠具体的礼乐教条制度。"具体的礼乐，直接作用于身体，作用于血气；人的心理情致随之顿然变化于不觉。"[1]

（4）仁者人也。"仁者人也"是说仁爱是人必备的品质。"仁"本身包含了处理人际关系的道德品质，是一种社会责任。在孔子的思想中，"仁"是以道德意识的方式存在的。子张问仁于孔子。孔子曰："能行五者于天下为仁矣。""请问之。"曰："恭、宽、信、敏、惠。恭则不侮，宽则得众，信则人任焉，敏则有功，惠则足以使人。"（《论语·阳货》）

仁是理想之德，又是济世的方法。孔子立志于仁道，"知其不可而为之"，并将理想与现实相结合，通过毕生努力而趋向仁的实现，这便是春秋时代儒家理想之仁与现实之仁的最好结合。

2. 对君子人格的追求

"君子"在本质上是真善美的统一，是以仁为内在精神和以礼为外在规范的有机统一体。具体来说，主要表现在以下几个方面：

---

[1] 张金荣、杨青：《梁漱溟论孔子的人生哲学》，《徐州工程学院学报（社会科学版）》2016年第3期，第55–58页。

（1）具有高尚的精神追求。"君子谋道不谋食"，"君子忧道不忧贫"。（《论语·卫灵公》）"君子怀德，小人怀土"，"怀土"虽是农业文明时代人们的基本心态，但较之"怀德"，就显得缺乏高层次的精神追求。《论语·里仁》云"君子喻于义，小人喻以利"，《论语·述而》曰"君子坦荡荡，小人常戚戚"。显然，孔子认为君子比小人有更高的追求和更强的主体意识。

（2）有着安民济众的抱负理想。子路问怎样才算君子，子曰："修己以敬。"曰："如斯而已乎？"曰："修己以安人。"曰："如斯而已乎？"曰："修己以安百姓。修己以安百姓，尧、舜其犹病诸！"（《论语·宪问》）修己只是君子的最低要求，作为君子理应以安民济众为己任。他之所以称子产为君子，就是因为子产"其行己也恭，其事上也敬，其养民也惠，其使民也义"。（《论语·公冶长》）不仅修己，而且还能敬上养民，并使人们得到实惠。

（3）行为符合礼的要求。"礼"不单单规范人们的日常行为，遵"礼"还会对人的品行产生影响。"君子义以为质，礼以行之，孙以出之，信以成之。君子哉！"（《论语·卫灵公》）"君子敬而无失，与人恭而有礼"（《论语·颜渊》），"君子博学于文，约之以礼，亦可以弗畔矣夫！"（《论语·雍也》）。"礼"不仅指《礼记》《仪礼》等书中记载的各种礼乐教条和仪式之礼等外在的形式，也不仅是为解决社会问题而人为后天制定的，而是出于我们的心情自然之表示，是天理，是生命之理。"礼"是君子的行为规范，君子之视、听、言、动，皆须遵守"礼"的规范。"非礼勿视，非礼勿听，非礼勿言，非礼勿动。"（《论语·颜渊》）

（4）具有务实的品德和宽阔的胸怀。"君子讷于言而敏于行。"（《论语·里仁》）"君子不以言举人，不以人废言。"（《论语·卫灵公》）"君子成人之美，不成人之恶。"（《论语·颜渊》）"子曰：君子不器。"（《论语·为政》）"君子不器"是指作为道德高尚的君子,不像祭祀用具那样,受特定角色身份的限制,仅仅消极地承担角色义务,发挥角色功用,而是主动地走出自身,积极地担当本不属于自己的帮助他人的道德责任,从而为社会奉献自身。君子不器这一论断也意指君子应具有务实的品德和宽阔的胸怀。

(5)仪表威严而态度谦和。"君子不重则不威,学则不固。"(《论语·学而》)"君子所贵乎道者三:动容貌,斯远暴慢矣!正颜色,斯近信矣!出辞气,斯远鄙倍矣!"(《论语·泰伯》)孔子本人即是如此,"望之俨然,即之也温,听其言也厉"(《论语·子张》)。

概而言之,"君子人格"中君子的本质特征可以概括为五点,分别是仁、义、礼、智、勇。同时,要以天下为己任,还要做到"修身、齐家、治国、平天下",君子的道德价值在于弘扬仁爱思想,这是儒家君子的重要使命。

3. 孔子的"中庸"之道

"中"不偏不倚、合理的意思,"庸"是平常的意思。合起来,中庸意为:不偏不倚(适度)是常道,人们要在实践中经常用"中"以求得和谐之效果。孔子所言的中庸,是恪守中道,坚持原则,不偏不倚,无过无不及;善于执两用中,折中致和,追求中正、中和、稳定、和谐之境界。

中庸思想的前提是承认事物的复杂性和差别性的存在,中庸思想实质上是对立统一的和谐思想,其要义在于合乎礼乐的"中正""和合"理念。例如"乐而不淫,哀而不伤"(《论语·八佾》)"过犹不及"(《论语·先进》)"叩其两端"(《论语·子罕》)"质胜文则野,文胜质则史,文质彬彬,然后君子"(《论语·雍也》)。

孔子中庸思想的表现,学者蔡尚思有这样的归纳:孔子常常要求自己的言行合乎"中庸之道"的标准。"子温而厉,威而不猛"

（《论语·述而》），是他待人的中庸；"子钓而不网，弋不射宿"（《论语·公冶长》），是他对物的中庸；"季文子三思而后行，子闻之曰：'再，斯可矣'"（《论语·宪问》），是他做事的中庸；"见危授命"与"危邦不入"（《论语·先进》），是他处理生死的中庸；"师也过，商也不及"（《论语·先进》），是他评价人物的中庸；"乐而不淫，哀而不伤"（《论语·八佾》），是他审美的中庸；"敬鬼神而远之"（《论语·为政》），是他对鬼神的中庸；"周而不比"（《论语·为政》），"和而不同"（《论语·子路》），是他交友之道的中庸；既要"亲亲"，又想"尚贤"，是他选用人才的中庸；"礼之用，和为贵"（《论语·学而》），是他治国之道的中庸。[1]

孔子"中庸"的实践智慧可以概括为三个方面：

（1）因人而异，因病立方。孔子的行事强调"毋我"，即包含有不执着于一己之身，而能依照具体对象的不同进行差别对待的意蕴。

（2）因时而变，适机而动。就是随客观条件的变化而调整自己的方法，以始终保持"执中"状态。

（3）因事而定，因地制宜。中庸之道虽然是天下的正道和正理，但是也并不代表中庸之道应该一成不变，也需要与时俱进，随着不同的场景和时机而随之改变，这才是真正具有中庸之道的君子所为。

孔子的中庸思想虽有主张调和的一面，强调对立双方的平衡，但它不是折中主义。之所以认为孔子中庸思想不是折中主义，是因为孔子在美与丑、善与恶、是与非等问题上从来都立场坚定、旗帜鲜明、态度明确。

---

[1] 蔡尚思：《孔子思想体系》，上海：上海人民出版社1982年版，第115–116页。

拓展阅读：子畏于匡

"子畏于匡"说的是孔子在周游列国、传播他的学说时，路过匡城，被误认作曾经残害过匡人的阳虎，遭围困五天。情况险恶之际，孔子安慰随行的弟子道："文王既没，文不在兹乎？天之将丧斯文也，后死者不得与于斯文也；天之未丧斯文也，匡人其如予何？"意思是说：周文王死后，文化道统不都体现在我身上吗？上天如果想要消灭这种文化，那我就不可能掌握它们；上天如果不想消灭这种文化，那么匡人又能把我怎么样呢？

《庄子·秋水》描写道："孔子游于匡，宋人围之数匝，而弦歌不辍。"孔子周游到匡地，宋国人一层又一层地包围了他，可是孔子仍在不停地弹琴诵读。不久，一位将官走了进来，深表歉意地说："大家把你看作是阳虎，所以包围了你；现在知道了你不是阳虎，向您表示歉意，我们马上撤离。"

（摘编自徐耀新：《"子畏于匡""胡服骑射"与文化自信》，《新世纪图书馆》2016年第12期，第6页）

拓展阅读：孔颜之乐

"孔颜之乐"的幸福观就是指人们在基本物质得到满足的前提下，通过学习不断提升自身的德性修养，从而达到道德自觉的一种精神自由状态。

子曰："贤哉回也！一箪食，一瓢饮，在陋巷，人不堪其忧，回也不改其乐，贤哉回也！"（《论语·雍也》）

子曰："饭疏食饮水，曲肱而枕之，乐亦在其中矣，不义而富且贵，于我如浮云。"（《论语·述而》）

"孔颜之乐"是一种克己向善、安贫乐道的德性幸福观，孔子旗帜鲜明地主张"贫且乐"的德性幸福，获得幸福生活的首要标志就是德性的完满，反对世俗的物质幸福，也就是强调道德境界的提升与精神境界的升华，将幸福上升到了一个更高的层级。"孔颜之乐"是超越世俗功利的内心愉悦，所求的是心灵的港湾和灵魂的归属。

（摘编自孙汇鑫、张方玉：《从"孔颜之乐"到"君子三乐"：儒家德性幸福的现代生活化启示》，《延边党校学报》2021年第5期，第23-27页）

拓展阅读：曾点之乐

《论语·先进》中就有这样的记载：

孔子问他的几个学生："假如有人要任用你们，那你们怎么样呢？"子路马上回答说："有上千辆兵车的国家，夹在大国的中间，外有别国的军队入侵，内又闹饥荒，我去治理这样的国家，三年时间，就可以让百姓有勇气，而且懂礼法。"学生冉有说："方圆六七十里或五六十里的小国家，我去治理，三年时间可以使百姓富足；至于礼乐教化之事，那只有等待贤人君子了。"公西华很谦虚地说："不敢说我能胜任，只是说我愿意学习学习。宗庙祭祀的事，或者与别国会盟的事，我愿穿上礼服，戴上礼帽，担任一个小小的司仪。"孔子又问到曾点，曾点说："暮春者，春服既成。冠者五六人，童子六七人，浴乎沂，风乎舞雩，咏而归。"意思是"阳春三月，已穿上春季的衣装，相约上五六个成年人、六七个小孩，在沂水里洗洗澡，在舞雩台上吹吹风，一路唱着歌走回来。"孔子听后说："我赞同曾点的想法呀！"

这是一个让人很难理解的问题，因为其他三人都是从如何治理国家的角度来回答的，是符合孔子的问话的，而曾点表述的"志"，也就是和人出去游玩，他的答非所问为什么会得到孔子的赞同呢？曾点的回答引起了孔子思想的共鸣。孔子的一生，主张推行仁政，建立一个理想和谐的社会。在《论语·公冶长》中，孔子也曾对颜渊和子路谈及自己的向往——"老者安之，朋友信之，少者怀之"。孔子的理想是让人们过上"逍遥自在的生活"，并且相互间充满着关爱与友情。

那么曾点描绘的情境里到底有些什么呢？春光融融，万象更新，充满着生机，这是景之乐；青春勃勃，童心洋溢，充满着朝气，这是人之乐；洁净清爽、舒适畅快，充满着活力，这是身之乐；任情歌呼，其乐陶陶，这又是心之乐。这就是孔子理想中所构建的以"乐"为核心的美好社会生活画面。这里充满了和谐与安定："莫春者，春服既成"表示干完农活，穿上春季的衣装，一切都焕然一新，这是人与天的和谐；"冠者五六人，童子六七人，浴乎沂，风乎舞雩"表示自己与跟随着他游春的人之间相处的和谐；此外大家在大自然的怀抱中尽情享受自然的天赐，表示了人与环境的和谐；"咏而归"表示物我统一之后的高度和谐川。人与人之间，人与自然之间保持着一种美妙的和谐，人在此和谐之中，怎不生"乐"，并又乐在其中呢？

"曾点之乐"，是儒家理想境界体现在外的安闲和乐。这种乐，是内心安顿之后的自由，心灵因为得到止泊之地而获得了自由。这种乐，并不只是空想，它可以成为一种生活方式，获得超越时间、超越事用、真正直透本心本体的天乐的意义。"曾点之乐"向后人开示了这样一种生活方式、一种生命情调，呈现出这样一种生命意义：从容、闲适、平和、愉悦、无往而不乐。我们不得不感叹，对于人类生命的真谛、生活的意趣，儒家自有其更深一层的理解。

（摘编自王斐：《"孔颜之乐"与"曾点之乐"之异同新解》，《皖西学院学报》2008年第6期，第76-79页）

四、孔子的健康行为

中共中央、国务院印发的《"健康中国2030"规划纲要》指出：推进全民健康生活方式行动；塑造自主自律的健康行为，这包括引导合理膳食、开展控烟限酒、促进心理健康和减少不安全性行为和毒品危害。

这里梳理、归纳、总结孔子的健康行为，以期为公民健康行为提供样本，为健康教育和健康促进提供范例，为公民健康生活方式的养成提供参照。

子曰："志于道，据于德，依于仁，游于艺。"（《论语·述而》）"志于道"就是要确立生命的目标，"据于德"就是要找准做事的依据，"依于仁"就是要理顺待人的态度，"游于艺"就是要寻求内心的丰盈。这四个方面是孔子精神追求与生活处世的准则，是健康幸福的保证。

子曰："吾十有五而志于学，三十而立，四十而不惑，五十而知天命，六十而耳顺，七十而从心所欲，不逾矩。"（《论语·为政》）这是孔子对自己人生历程的描述，是对健康生活的总结，对人生境界的概括。

孔子一方面具有"士不可以不弘毅，任重而道远"（《论语·泰伯章》）"知其不可为而为之"（《论语·宪问》）的执着与进取精神，另一方面也向往"暮春者，春服既成；冠者五六人，童子六七人，浴乎沂，风乎舞雩，咏而归"（《论语·先进》）的惬意与自足生活。孔子是后人崇拜敬仰的人物，被誉为千古第一圣人。孔子留给后世的财富不仅是其治国理念、道德理想，还有其既仁且智的健康行为与至善至美的人格典范。

1. 将身有节

孔子赞同"智士仁人，将身有节，动静以义，喜怒以时，无害其性，虽得寿焉，不亦可乎"（《孔子家语·五仪》）。将身有节，意即养生要有节制，主要内容包括生活起居要有规律，饮食要有节制，安逸和劳碌都不能过度。在这方面孔子是身体力行的，如《论语·乡党》记载："当暑，袗絺绤，必表而出之。……亵裘长，短右袂。必有寝衣，长一身有半。狐貉之厚以居。"这是孔子关于穿衣的行为规范。衣服是人们抵御外来疾病侵袭和保持清洁卫生的外围防线，制作衣服的主旨是防止外伤和防暑保暖，原则是轻、柔、宽、可。穿着要整洁、舒适，切忌紧裹身体。古人认为"衣取适体，即养生之妙药"。孔子的衣着是合乎这些要求的。

"食饐而餲，鱼馁而肉败，不食。色恶，不食。臭恶，不食。失饪，不食。不时，不食。……肉虽多，不使胜食气。唯酒无量，不及乱。……不撤姜食，不多食。"这是孔子关于饮食的行为规范。中医认为饮食不洁不鲜、不定时、暴食偏食，都可能引起疾病。"按时节量"顺应了自然生理节律的需求，是饮食养生的基本原则之一。"按时节量"可以使肠胃作息适度，使免疫力增强。姜的主要成分是姜油酮等芳香性挥发油脂，有加速血液循环和解表散寒的作用。酒是柄双刃剑，少量饮酒是健康之友，因为这样可以扩张血管，促进血液循环，多量饮酒则是罪魁祸首，因为这样会使人发胖还会伤肝，导致心血管疾病发作。孔子的餐饮有节，是符合这些标准的。

"食不语，寝不言。""寝不尸，居不客。""升车，必正立，执绥。车中，不内顾，不疾言，不亲指。"这是孔子关于寝处起居的行为规范。

2. 喜怒以时

子曰："《关雎》乐而不淫，哀而不伤。"（《论语·八佾》）

孔子主张喜怒以时，即善于控制自己的感情，"喜"和"怒"都要恰合时宜，不随意狂饮，不动辄暴怒。如"闻过则喜"就是"喜得时宜"；"幸灾乐祸"就是"乐不得时宜"；"若不可教，而后怒之"就是"怒得时宜"；"一朝之忿，妄其身，以及其亲"就是"怒不得时宜"。

《礼记·曲礼》中也有记载"敖不可长，欲不可从，志不可满，乐不可极"。《礼记·中庸》曰："喜怒哀乐之未发，谓之中；发而皆中节，谓之和。"这些都强调了为人处世要懂得节制，人的七情的调养，不可太过，亦不可不及，而是贵在致"中和"。

"喜怒以时"，不但饱含着诚恳和关爱，而且充满着愉悦和满足，能够养德养身，有延年益寿之效。"喜怒不以时"，喜则为所欲为，怒则不顾一切，"以少犯众，以弱侮强，忿怒不类，动不量力"，必当死而非其命！

3. 心态从容

"子温而厉，威而不猛，恭而安"（《论语·述而》）意即：孔子温和而又庄重，有自然的威严而并不凶狠，永远是那样安详而恭敬的神态。这是孔子的弟子们对孔子"心态从容"的描述与评价。

心态从容的人，神泰意舒，做事认真谨慎、镇静沉着、成竹在胸、不急不躁、轻重分明、先后有序。这样"临事而惧""好谋而成"才能顺天应时，取得"谈笑间樯橹灰飞烟灭"的效果。"子畏于匡"是孔子一生中遭遇的几件险事之一。当时匡人以兵围孔子，事态很严重、很危险。在这种危难情况下，孔子一不祷告求神，二不无视后果地去激化矛盾，而是脸色不变，弦歌不辍。他慰勉弟子："天之未丧斯文也，匡人其如予何？"孔子以他的宁静、从容和自信，把危难化解了。

孔子主张"毋意、毋必、毋固、毋我"（《论语·子罕》）。如果能按"毋意、毋必、毋固、毋我"的原则随时警策自己，就可以随时清理内心的污染、迷惑，保持从容的心态，进入空灵洒脱的"依于仁、游于艺"的自在境界。

4. 避险慎疾

孟子曰："莫非命也，顺受其正；是故知命者不立乎岩墙之下。尽其道而死者，正命也；桎梏死者，非正命也。"（《孟子·尽心上》）君子要远离危险的地方。这包括两方面：一是防患于未然，预先觉察潜在的危险，并采取防范措施；二是一旦发现自己处于危险境地，要及时离开。

孔子的弟子子路要去卫国做大司马，可是卫国国君无力，太子无德，国内权利交错。孔子不赞成子路去，就说："危邦不入，乱邦不居，天下有道则入，无道则隐。"子路说他有信心治理好卫国。孔子便说："防祸于先而不致于后伤情。知而慎行，君子不立于危墙之下，焉可等闲视之。"

《论语·述而》记载"子之所慎：齐、战、疾。""齐"通"斋"，指的是"斋戒"。孔子对斋戒、战争、疾病抱着谨慎的态度，平时非常小心注意。孔子把这三件事并列在一起，是因为这三件事都和人类的安全密切相关，如果处理不好，人类就会受到伤害。《论语·乡党》载："季康子馈药，拜而受之。曰：丘未达，不敢尝。"孔子对不了解药性的药物不随便服用。孔子曾向弟子们指出君子有三戒的"慎疾"告诫："少之时，血气未定，戒之在色；及其壮也，血气方刚，戒之在斗；及其老也，血气既衰，戒之在得。"（《论语·季氏》）这是孔子根据人体的生理规律提出的养生法则，指出在一生的各个时期，人们都应当注重节制，有所"戒"，并且在不同的年龄阶段，注重节制的主要方面是不同的。

5. 乐以忘忧

叶公问孔子于子路，子路不对。子曰"女奚不曰，其为人也，发愤忘食，乐以忘忧，不知老之将至云尔。"（《论语·述而》）

这里孔子自述其心态，"发愤忘食，乐以忘忧"，连自己老了都觉察不出来。孔子从读书学习和各种活动中体味到无穷乐趣，是典型的现实主义和乐观主义者，他不为身旁的琐事而烦恼，表现出积极向上的精神面貌。

孔子讲究养生，并不是单纯追求生理上的健康和长寿，相对而言，他更加注重品德修养与精神涵养。孔子曰："益者三乐，损者三乐。乐节礼乐，乐道人之善，乐多贤友，益矣。乐骄乐，乐佚游，乐晏乐，损矣。"（《论语·季氏》）仁者唾弃的是那种恃尊自恣、出入不节、沉溺于宴饮的自损于身心的快乐，仁者追求的是那种建筑在仁德之上的促和谐、利团结、助上进的于身心有益的快乐。

孔子十分注重内心的调和，保持快乐的心境。子曰："君子坦荡荡，小人长戚戚""饭蔬食饮水，曲肱而枕之，乐亦在其中矣。"（《论语·述而》）这些都显示了孔子乐观向上的健康心理。据《史记·孔子世家》载，孔子在陈、蔡被困时，弟子们大都病卧不起，唯年高六十三岁的孔子仍安然无恙，依旧"讲诵，弦歌不止"。孔子一生志在以周公之道治国平天下，栖栖惶惶地周游列国，却不被时人重视，其心情自然不太如意，然而孔子仍享年七十有余，究其实，是由于其有豁达、坦荡的胸襟。

6.动以养生

孔子不但精通诗、礼、乐，而且是射猎、钓鱼、驾车及登山游水等运动的爱好者。运动是孔子得以长寿的另一秘诀。

《论语·述而》载："子钓而不纲，弋不射宿。"讲述孔子不用带多钩的长绳钓鱼、不射猎停止在巢中的鸟的良好习惯。《礼记·射义》载："孔子射于矍相之圃，盖观者如堵。"可见其射术的精湛。《论语·子罕》载孔子风趣地对弟子说："吾何执？执御乎，执射乎，吾执御矣。"认为自己在驾车、射猎等运动中前者最精通些。

"智者乐水,仁者乐山。"孔子本人就是乐山乐水的智仁之人。《论语·子罕》载:"子在川上曰:'逝者如斯乎,不舍昼夜。'"阐发了临水的感受。《孟子·尽心上》记载:"孔子登东山而小鲁,登泰山而小天下。"抒发了登山的豪情。

运动能使身体得到锻炼,有助于增强身体各个器官的功能,改善各个系统的运转状况,能增强体质,提高抗病能力。而在运动的过程中也有利于精神的放松和心情的舒畅,这对于养生是很有益处的。

总而言之,孔子的健康观主张的是从身体到精神、从自我到社会的综合修养,是将人与自然、人与社会联系起来,并不是单纯地追求个体的长寿,体现了一种积极的、扩张的、经世的人生态度,这些思想都完全反映了儒家思想的实质。在加快推进健康中国建设,努力全方位、全周期保障人民健康的新时代,孔子的健康行为有着重要的启发意义和借鉴价值。

【思考与讨论】

1. 请谈谈你对孔子君子人格论的理解。
2. 你如何评价孔子的健康观与健康行为?
3. 《孝经·开宗明义》中有这样一句话:"身体发肤,受之父母,不敢毁伤,孝之始也。"请问你如何理解这句话?在当今社会如何解读和理解这句话?

第五章　孟子的人生哲学思想

孟子（约前371—前289），战国时期邹国人，著名哲学家、思想家、政治家、教育家，儒家学派的代表人物之一，地位仅次于孔子，与孔子并称"孔孟"，他的思想对中国的政治经济、文化历史产生了极其深远的影响。

一、以四端说为核心的性善论

孟子认为人性本善，人皆有为善的潜质，只要人在后天将这种潜质发扬出来，即可养成道德的品质，成就完善的人格境界。孟子性善论的核心依据即"四端说"。

1. 四端说

孟子继承孔子以仁为核心的思想，以"四端说"为轴心，阐发其性善、民本、仁政、王道等思想。

孟子曰："恻隐之心，人皆有之；羞恶之心，人皆有之；恭敬之心，人皆有之；是非之心，人皆有之。恻隐之心，仁也；羞恶之心，义也；恭敬之心，礼也；是非之心，智也。仁义礼智，非由外铄我也，我固有之也，弗思耳矣。"（《孟子·告子上》）孟子认为恻隐、羞恶、辞让、是非四种情感是仁义礼智的萌芽，仁、义、礼、智这四种德行来自人的这四种情感，所以称之为四端，这就为其性善论确定了内在根据。

2. 性善论

孟子之"性"何为？在《孟子·告子上》篇中已经初见端倪："生之谓性"。孟子认为，"性"中固有"仁义礼智"四端，这四种根本善端是"天赋"的,并非是本来无有而后天勉强练就的。进而言之,孟子指出,仁义乃人之良知良能,不待学不待虑;一切道德皆出于人性。

孟子性善论的哲学论证"诉诸每个人的直接经验","直觉地产生"恻隐之心的反应。孟子曰:"人皆有不忍人之心。先王有不忍人之心,斯有不忍人之政矣。……所以谓人皆有不忍人之心者,今人乍见孺子将入于井,皆有怵惕恻隐之心……无是非之心,非人也。"(《孟子·公孙丑上》)恻隐之心,指对他人怀有同情之心,孟子将其界定为仁之端,奠定了仁政、民本、王道的基础。

事实上,性有善端,未必无恶端。为何孟子只言性善,不言性恶?孟子并不否认人有与禽兽相同的不善的性质。"人之有道也,饱食、暖衣、逸居而无教,则近于禽兽。"《孟子·滕文公》孟子所谓性,指人之所以异于禽兽的根本特征,而非指人生来即有的一切本能。

二、孟子的人格修养论

孟子的人格修养思想是其道德学说的重要组成部分,对后世产生了重大影响,对于当代大学生的道德修养具有重要意义。

1. 人人皆可以为尧舜

孟子人格修养论的最终目标,是引导人们通过修心养性成为像尧、舜、禹、孔子一样的"圣人"。在孟子看来,"成圣"意味着生命的持续修炼与道德境界的无限提升。关于"圣人"的理想人格,孟子继承了孔子的观点,认为"圣人"乃"人伦之至",是理想人格的最高典范;但他同时认为,"圣人之于民,亦类也。出于其类,拔乎其萃"(《孟子·公孙丑上》),"圣人"与普通人是同类，具有同样的善端，普通人只要努力存心养性、修身立德，同样可以达至"圣人"的境界，即"人皆可以为尧舜"。

在孟子看来，"圣人"虽然是理想人格的最高目标，但却并不是玄虚化的存在，圣人作为理想的人格典范，首先是现实社会中的一员，同样，在现实的"我"与理想的典范之间也没有不可逾越的鸿沟。凡人皆有成圣的可能，成圣的过程即是将个体内在先天的善端进行培养、扩充，从而不断自我提高、自我成就的过程。

"圣人"是孟子人格理想中的至高表率，对于普通人来说仿佛是终其一生也无法抵达的山峰；而孟子则认为每一道德主体都有成圣的潜质，人们在成圣面前所面对的主要问题不是难以做到，而是未曾去做。身体力行是成善、成圣的关键之道，只有切身地去努力、去修行，善性就会为我所有、为我所用。这体现了孟子对修炼成"圣人"境界的一种普遍意义上的道德自信，有助于调动起人们修身养性的积极性、主动性和创造性，促使人们进行积极的道德践履，将内在善端落实到具体的行动上来，逐渐达至完善的道德境界。

2. 扩充四端

孟子将"恻隐之心""羞恶之心""辞让之心""是非之心"此"四心"视作"四端"，"知皆扩而充之"则可成"四德"。"扩而充之"扩的是"四心"，使其"若火之始然，泉之始达"，进而完全地表露出来。

扩充四端，是一种顺推的功夫。人有先天的善性，所以有恻隐、羞恶、辞让、是非等表现，人应该把自然流露的德性，扩充到生活的每一段和每一面。"扩充四端"从以下三个方面着手：首先，体悟内心，形成正确的道德意识。孟子认为道德教育究其本质是关于人心灵的教化，要求人有切己体察的功夫，要做到体悟自己的内心，感悟内心"仁义礼智"的存在。其次，付诸实践，养成良好的道德习惯。"人有善端"这一本性为实现"扩而充之"提供了现实可能性。"扩充四端"不仅要改善人的精神生活，还需要人付诸实践，多思善行，多行善事。最后，持之以恒，形成稳固的道德意志。扩充四端是长期的行为，需要持之以恒。

善良本心是人本身所拥有的，是真实存在的，人格完善、道德修养的功夫就是要扩充四端，发扬本心，做到无愧于心，无愧于人与生俱来的道德本心。孟子认为，君子有三乐，其中第二乐是"仰不愧于天，俯不怍于人"，人要能够管理好自己的言行，克制那些违背善良本心的行为，在天赋良知良能的指导下，不断地进行道德修养，使仁义礼智之端不断扩充，从而对内塑造理想人格，对外成就理想社会。

3. 养浩然之气

孟子关于理想人格的塑造中一种十分重要的修养途径就是要"养浩然之气"。浩然之气至大至刚，是一股义气、正气、道德之气，是仁者内心力量的源泉，是道德情感支配下呈现出来的刚强、豪迈、伟大的精神。

浩然之气源自我们内心，需要用正义去培养，最终使之充满四方，无处不在。浩然之气的培养还要接受外在环境的磨炼。即所谓"天将降大任于斯人也，必先苦其心志，劳其筋骨，饿其体肤，空乏其身，行拂乱其所为也，所以动心忍性，增益其所不能"。孟子举出了很多经过磨炼，养成浩然之气的人物，"舜发于畎亩之中，傅说举于版筑之间，胶鬲举于鱼盐之中，管夷吾举于士，孙叔敖举于海，百里奚举于市"。

除此之外，在孟子看来，想要养浩然之气还要"尚志"，也就是说我们要有自己明确的志向目标，并且在任何情况下都不会轻易改变自己的初心。

孟子说的浩然之气是义理之气，是精神之勇，正义之勇，先明确义理、分清道德是非，而后在理性判断后施以合宜的勇气，由此方成浩然之气。

4.反求诸己

孟子多处提到"反求诸己"，它是对孔子道德教育"内省法"的继承与借鉴。孟子认为人要时常反省，欲求仁成人，须反求诸己，当人的道德行为没有取得预期的成果时，不妨停下脚步来进行自我反思，多从自己身上找原因。

孟子曾经说过这样一段话：爱别人，别人却不亲近自己，那就反过来检讨自己是否够仁爱；管理别人，却管理不好，那就反过来检讨自己是否够明智；对别人有礼，别人却不回应，那就反过来检讨自己是否够恭敬。凡是行为有不能达到预期效果的，都反过来在自己身上找原因，自己端正了，天下的人自然会归顺他。《诗经》说："永远配合天的命令，自求多福。"

或许有人会有疑问："行不得反求诸己"是不是太过主观片面，一个人一味地内省并不能解决所有的问题吧？我们认为，孟子说的"反求诸己"是调整自身状态，理智清醒地看待问题，把反省当作基础，在这个基础上看见主观意识与客观环境之间的差距，找到客观环境存在的具体条件，以条件去谋划事情，最后达到自己的期望。

对于自己的人生，如果你期望的状态没出现，也就是面对着"行有不得"的局面，其中存在两个原因：第一，你期望的高于自己的能力能够达到的。就好像你是一个没有足够能力和客观优势的普通人，却总有着好高骛远的目标，那么这种背离客观条件的期望本身就是不合理的，不合理的事情怎么会有一个好的结果呢？第二，自己总在用一个错误的方式去追求目的，没有能够正确地认识自己。人生最大的问题就是很难客观认识自己的问题，所以很多人即便存在错误的意识和习惯，也仍然不能察觉，当一个人不能秉持正确的方式去追求生活，那么他所期望的结果就不可能出现。那么对于人生来说，不管出现哪一种原因，在这种局面下只需要向后退一步，能够真正做到反省自身，看看是自己的期望错了，还是自己的方式错了，才会在这个基础上调整自己的状态，获得自己想要的结果。

拓展阅读：儒家的君子人格

春秋时期，随着氏族贵族体制的衰落和人的自我意识的觉醒，人格问题，即人类个体的价值、尊严和思想行为方式问题，已引起人们思考。为了建设理想的社会，孔子提出了具有完美人格的知识分子形象——君子。儒家"君子人格"最突出的特质是强烈的历史使命感和忧患意识。在强烈的历史使命感和忧患意识的驱使下，追求崇高的道德境界，对他人和社会尽己所能，竭尽义务。具有君子人格的人无论在什么岗位上，对社会和个人都有着积极的教化作用、净化作用、表率作用和文明化作用。"君子人格"是儒家思想与道德价值的核心，是儒家做人的标准和理想追求。孔、孟所倡导的"君子人格"在中国历史上陶冶培育了一代代仁人志士。儒家的君子人格，集中体现为以下几个方面：

1. 君子的"修己"与"济世"精神

一个君子先要诚敬地修养自己，当自己的内在修养精进、人格有所提升后，更进一步便是积极用世。以"仁"为本，"修己"与"济世"相统一，实现"内圣外王"之道是君子人格的本质。

作为理想人格的君子，一方面通过内省、自讼、精进求得个体的道德完满，另一方面仁爱宽厚，忠信坦诚，承担天下大道。"修己"与"济世"的统一正是君子对"道"追求的内外两个方向。是否承担社会责任，是儒家"君子"与道家"隐士"的根本区别。有了远大的理想和兼济天下的情怀，才能成为君子。

君子从"修己"开始。孔子曰:"学而时习之,不亦说乎?有朋自远方来!不亦乐乎?人不知而不愠,不亦君子乎?"(《论语·学而》)"见贤思齐焉,见不贤而内自省也!"(《论语·里仁》)孔子认为,"君子"通过"修己"可以"敬",可以"安人",最终目标是为了"安百姓",即"博施于民"而成为真正的"君子"。"士不可以不弘毅,任重而道远。仁以为己任,不亦重乎?死而后已,不亦远乎?"(《论语·泰伯》)正是孔子"济世"品格的真实写照。

2. 君子自重自强,进取有为

孔子心目中的君子,不仅是一个有仁德的人,还要是一个伟大和高尚的人,要有经世济民的远大志向。所以儒家特别推崇奋发有为、自强不息的精神,"天行健,君子以自强不息"是儒家的座右铭。孔子为了实现其政治理想,屡遭挫折,但从不气馁,"知其不可而为之"(《论语·宪问》),"发愤忘食,乐以忘忧,不知老之将至"(《论语·述而》)。

首先,君子总是自强不息,精进不已,追求完美。儒家哲学是现实入世哲学,主张人应兼善天下,承担起应负的社会责任。孔子说:"君子上达,小人下达。"(《论语·宪问》)孔子非常赞赏《周易》思想中蕴含的做人之道,他说:"加我数年,五十以学《易》,可以无大过矣。"(《论语·述而》)儒家经典《中庸》提出博学、审问、慎思、笃行的治学之道,主张刻苦学习,不甘人后,积极进取,努力做到"人一能之,己百之;人十能之,己千之"。

其次,君子要立大志,并且坚定不移,"三军可夺帅也,匹夫不可夺志也"(《论语·子罕》。为了事业,为了理想和信念,要有"知其不可而为之"的顽强精神。孔子的学生曾子曾说:"士不可以不弘毅,任重而道远。仁以为己任,不亦重乎?死而后已,不亦远乎？"(《论语·泰伯》)这种"弘毅"思想演变为"天下兴亡,匹夫有责"的儒家人格思想,这种人格思想影响了中国几千年的历史,直至今日仍然发挥着巨大的作用。

再者,君子要敢于突破陈规,开拓创新。"君子之于天下也,无适也,无莫也,义之与比"(《论语·里仁》),要目光远大,图谋大业,而无须虑及其他。因而"人不知而不愠","不患人之不己知,患其不能也"(《论语·宪问》),"不患无位,患所以立;不患莫己知,求为可知也"(《论语·里仁》)。

3. 君子智者不惑

儒家所提倡的"君子人格",并不是单独强调"仁",而是强调"仁"与"智"的统一,即"仁且智"。孔子认为,一个人只有通过学习、思考,掌握广博的知识,才不致被假象所迷惑,才可能从必然王国走向自由王国。孟子说:"君子所性,仁义礼智根于心。"(《孟子·尽心上》)"生亦我所欲,所欲有甚于生者,故不为苟得也;死亦我所恶,所恶有甚于死者,故患有所不辟也。"(《孟子·告子上》)

首先,"智者不惑"体现在对是非、善恶的认知和辨别上。智者之所以不惑,最根本的原因在于君子具备了理性认知和辨别能力,因而能够分清事物的是非曲直,而不至于颠倒黑白。

其次,"智者不惑"还体现为在具体境遇中的"知当务之急",以及对于"时势"的判断。真正"不惑"的"智者",在具体的道德境遇中,能够权衡利弊得失,分清轻重缓急,知道先后顺序,迅速判断当下应该完成的最重要的任务。

再次,在儒家看来,智者最重要的是对自己的认识,认识自己方能进一步认识他人。具有自知之明,正确地认识自己,被儒家视作君子的基本德性之一。

总之,儒家的理想人格模式,是一种强调至善至美的高尚型人格，是一种充满仁爱精神的人本主义人格，是一种注重群体利益的群体主义人格，也是一种强调理性自觉和道德自律的理性主义人格，是崇高而完美的。"君子"是拥有广博的学识，积极入世、躬行仁义，能肩负起时代重任和历史使命的理想人格。

（摘编自陈歆：《孔子的君子人格思想评析》，《山西学刊》2022年第13期，第90-94页）

三、孟子的民本思想

"民贵君轻"的"民本"思想是孟子外王学的核心，也是中国传统政治理念的核心原则之一。

首先，孟子"民本"思想强调以"民"作为国家或王朝政治合法性的第一准则。例如，在《孟子》全书开篇孟子与梁惠王的对话中，梁惠王求教"利国"之道，孟子直截了当地讲出"王何必曰利？亦有仁义而已矣！"孟子认为权力结构作为政治形式，应当承担道义至上的价值理念，国家的实质是一个伦理共同体，其核心是"保民而王"。殷周朝代更迭，周人关于前代灭亡的反思总结中孕育出了"敬天保民"的观念，成为孟子"民本"思想的历史渊源。《尚书·泰誓》还说："天降下民，作之君，作之师。惟曰其助上帝，宠之四方。"民乃是"天"所降生，而"君""师"只是上天用来辅助自己爱护人民的媒介。这种"天—民—君"的政治结构，不允许君主直接获得权威性，他必须通过"保民而王"将自身的意志与人民的意志统一起来，权威才能确立。

其次，孟子"民本"思想主张"民本"的主体性面向，人民不只是国家治理的客体，而是和"君""诸侯"等并存且深度互动的政治主体。《孟子·离娄下》篇说："君之视臣如手足，则臣视君如腹心；君之视臣如犬马，则臣视君如国人；君之视臣如土芥,则臣视君如寇仇。"这里虽然是在说"臣",但它代表的是君权的对立面,包含了整体的"臣民"。政治不是君主的个人独裁,而是多元主体之间的互动。孟子说:"桀纣之失天下也,失其民也;失其民者,失其心也。得天下有道:得其民,斯得天下矣;得其民有道,得其心,斯得民矣。"(《孟子·离娄上》)只有得民心才能得天下,人民在政治活动中发挥着不可忽视的作用。

再次,孟子"民本"思想追求在文化上育民。既然"民"上达于天,"民"是社会发展和变革的主体性力量,那么就应该强调育民。在《孟子·尽心上》中,他提出"善政不如善教之得民也。善政,民畏之;善教,民爱之。善政得民财,善教得民心"。良好的道德教育比良好的政治更能取得民意。在孟子看来,所谓的圣人、贤人,其本质上亦是"民",只不过是其中出类拔萃的那一部分。圣贤之所以是圣贤,一方面在于他们的"出类拔萃""先知先觉",更重要的一方面在于他们以自身的觉知来启蒙与教化大众。"仁言不如仁声之入人深也,善政不如善教之得民也。善政,民畏之;善教,民爱之。善政得民财,善教得民心。"(《孟子·尽心上》)良好的政治不如良好的教育更得民心,要获得人民的支持,良好的教育是必不可少的。

四、孟子的教育思想

孟子是中国古代著名思想家、教育家。孟子曰:"君子有三乐,而王天下不与存焉。父母俱存,兄弟无故,一乐也;仰不愧于天,俯不怍于人,二乐也;得天下英才而教育之,三乐也。"(《孟子·尽心上》)

1. 教育的总体目标：造就大丈夫人格

孟子的教与学不仅包括知识的传授与学习，更重要的是包括道德的启发与训练。教学的目的不仅仅是培养具有知识和技能的人，更重要的是培养一个有道德的人。自孔子开始就非常重视君子人格的培养，到了孟子更是把君子人格上升为"大丈夫"气度。

孟子说："居天下之广居，立天下之正位，行天下之大道。得志与民由之，不得志，独行其道。富贵不能淫，贫贱不能移，威武不能屈。此之谓大丈夫。"（《孟子·滕文公下》）

所谓的大丈夫人格，是内在于心的一种善，一种精神力量，是一种面对任何挫折都不卑不亢、坚强不屈的理想人格。可以说孟子教育目标的确立，对中华民族精神品格的培养有着不可忽视的意义。

2. 教育的原则

（1）因材施教。孟子说："君子之所以教者五：有如时雨化之者，有成德者，有达财者，有答问者，有私淑艾者。"（《孟子·尽心上》）教师的教学要从学生的实际出发，设计出不同的教学任务，使教学的深度、广度、进度适合学生的水平和接受能力。在教学中要充分考虑个体差异，针对基础知识不同、认知结构、能力水平不同的学生制定不同的目标，使优秀的学生学到更多，而基础薄弱的学生又易于接受，让学生得到充分的发展。

孟子还说："教亦多术矣。"（《孟子·告子下》）随着科学技术和社会的发展，教学的手段也日益多样化，应该充分利用一些先进的教学辅助工具来进行教学。

（2）循序渐进。孟子认为：学习亦如流水一般，只有积累到一定程度，才能通达，从而向更深处发展，必须按照顺序由低向高依次前进。教学是个自然有序的过程，不能用"揠苗"的方法助长，否则，"非徒无益，而又害之"。

(3)启发诱导。孟子主张"尽信《书》，则不如无《书》"（《孟子·尽心下》）。作为教师要充分调动学生的积极性，给学生足够的时间思考问题，鼓励学生敢于质疑。要有意识地教给学生思考问题的方法，使学生主动地去学习、去思考。

孟子主张："君子引而不发，跃如也。中道而立，能者从之。"（《孟子·尽心上》）学生作为教学的主体，教师只有鼓励其积极主动地学习，才能最大限度地挖掘学生的潜力。要以学生为主体，不断地启发学生的思维，调动学生的学习主动性和积极性，促使他们生动活泼地学习，在教师的引导下，积极主动地思考，寻求问题的答案，积极参与教学活动，而不是把既定的答案告诉学生。

(4)以身作则，言传身教。孟子说："教者必以正""正己而物正"，"以其昭昭使人昭昭"。教师要求学生践履的道义，首先要自己身体力行之；把自己彻底明白通晓了的道理传授给学生。

3. 教育的具体方法

(1)言近指远。"言近指远"的教学方法，主张用形象化的语言、事例去阐述深奥的"大道"，深入浅出，由近及远。

(2)详说与反说约。学高方能为师，孔子说"温故而知新，可以为师矣。"孟子对教师提出了更高的标准与要求。孟子说"博学而详说之，将以反说约也。"意思是：广博地学习，详细地阐述，是要由此返回到能说出其要点的境地。

就是说：为学日益，为道日损。教师既能把要点阐述得清清楚楚，又能让学生在纷繁复杂的现象中，在散乱的知识点中掌握规律、原理，从而做到融会贯通、提纲挈领、举一反三。

(3)磨炼学生的意志，锤炼学生的品格。孟子认为，教育应该锻炼人的意志，让人在逆境中学会成长。"天将降大任于斯人也,必先苦其心志,劳其筋骨,饿其体肤,空乏其身,行拂乱其所为,所以动心忍性,增益其所不能"。

(4)尚志养气。孟子认为,在教育过程中,教导学生树立志向是一项非常关键的任务,要求学生能够树立远大的志向。

养气就是养浩然之气。浩然之气至大至刚,是一股义气、正气、道德之气,是仁者内心力量的源泉,是道德情感支配下呈现出来的刚强、豪迈、伟大的精神。浩然之气源自我们内心,需要用正义去培养,最终使之充满四方,无处不在。

拓展阅读:孟子的"君子三乐"

孟子曰:"君子有三乐,而王天下不与存焉。父母俱存,兄弟无故,一乐也;仰不愧于天,俯不怍于人,二乐也;得天下英才而教育之,三乐也。"(《孟子·尽心上》)。

孟子提出的君子有三乐,从自身的品行、家庭的美满以及对社会的贡献三个维度道出了人生幸福之真谛。

第一乐:孝悌之德。歌德在谈及幸福问题时说到,"无论渔夫还是国王,家庭和睦是最幸福的"。家庭之乐是每一个人都有的情感体验,家庭的快乐伴随人的一生,从出生直至死亡。人的生命由父母给予,是在父母及兄弟姐妹的关怀呵护下成长成才。因此,孟子毅然将"父母俱存,兄弟无故"视为君子一乐,旗帜鲜明地将家庭幸福纳入幸福观的范畴,把"孝悌"视为幸福起点,使幸福从虚幻世界拉向现实生活,使得每一个人都具备追求幸福的权利与能力。这不仅丰富和发展了儒家德性幸福观,也使得儒家幸福观更加贴近实际,走近生活。

在中国古代社会以家族为本位,家庭的幸福与个人的幸福密切相关,父慈子孝、兄友弟恭的家庭幸福弥足珍贵。因此,将最简单、最平常、最易满足的孝悌之德作为君子一乐有其深刻的历史渊源，彰显了幸福的普适性。

第二乐：天人合一。孟子将父慈子孝、兄友弟恭的家庭幸福视为幸福之源，使得孟子幸福观具有平民化的特点，但孟子的幸福绝非仅仅包含功利幸福，其幸福的实质为精神的自由、道德境界的提升，因而又具有道德超越性。孟子二乐为"仰不愧于天，俯不怍于人"的天人合一之乐，道出了天与人的紧密关系，天道与人道的互通，具有强烈的道德意蕴。

孟子所言天人合一之乐，是站在天下人人皆以"心无愧怍"为乐的制高点上而言的，此种"乐"超越了个体感性快乐的有限性，上升为一种普遍的实践理性精神。

第三乐：化育之乐。"得天下英才而教育之"的教化之乐。儒家历来重视对学生的教育，通过教育，尤其是针对天下英才的教育，国家社会甚至是人类的理想可以承前启后，逐步提升。教育并非只是简单地传授知识，更主要的是注重道德理性的培养。孟子以化育他人为乐，一方面，他人能通过不断"求其放心"，逐步实现自我人格的完善。另一方面，将所乐之"道"教予天下英才，让他们弘扬"道"的精神福泽天下。实际上，此化育之最终目的在于培养人的"无忧无惧""乐天知命精神"。

化育之乐并非只有专职教师可以享受到，普通人，每一个人都可以感受到。一个有所作为、德高望重的人能够在自己年纪大的时候，教育天下很多有上进心的年轻人，把自己的经验心得传授给他们，与天下英才共事，为共同的理想和价值去奋斗。

（摘编自廖雪：《孟子"君子三乐"释义》，《文化创新比较研究》2018年第2期，第22-26页）

五、孟子的仁民爱物思想

孟子是古代伟大的思想家、教育家,在他著名的仁政思想中,由亲亲推演到仁民,由仁民又推演到爱物。他说:"君子之于物也,爱之而弗仁;于民也,仁之而弗亲。亲亲而仁民,仁民而爱物。"(《孟子·尽心上》)意思是,君子对于万物,爱惜它,却不用仁德对待它;对于百姓,用仁德对待它,却不亲爱它。君子亲爱亲人,因而仁爱百姓,爱惜万物。为什么爱惜万物,但不用仁爱百姓的方式?为什么仁爱百姓,但不用亲爱父母的方式?这是因为亲亲、仁民、爱物遵循由内向外不断推展的次序,正如宋儒朱熹所说:"仁如水之源,孝悌是水流底第一坎,仁民是第二坎,爱物则三坎也。"[1]

由仁民爱物的观点出发,孟子提出了合理地利用资源及可持续发展的观点。他说:"不违农时,谷不可胜食也;数罟不入洿池,鱼鳖不可胜食也;斧斤以时入山林,材木不可胜用也。"(《孟子·梁惠王上》)适时耕种收获,粮食便会吃不尽了;不用细密的网到大池沼里去捕鱼,鱼鳖也会吃不完了;按照一定的时间砍伐树木,木材也会用不尽了。

不违农时,意味着在对的时间做对的事。孟子说"天时不如地利,地利不如人和",人的因素最重要。孟子又讲圣人有四种境界——清、任、和、时,圣之时者孔子是集大成者,"时"是最高的境界。在对的时间做对的事,这就是"时"。把握住"时"的真谛,我们的人生会变得更好。落实到生态环境保护,就是要在对的时间为自然界做对的事,在对的时间向自然界获取你所必需的东西。

---

[1] 黎靖德:《朱子语类》,王星贤点校,北京:中华书局2020年版,第498页。

"齐王舍牛"是因为爱物，禽兽同样需要人的"不忍"。齐宣王坐在殿上，看到有人牵着牛从殿下走过，就问把牛牵到哪里，那人说准备宰了祭神。齐宣王说：放了它吧！这头牛的四条腿都在发抖。它没有犯什么罪，你却要杀掉它！我很不忍心！那人说：难道我们就不祭神了？齐宣王说：哪能不祭呢？你不可以把牛换成羊吗？这就是成语"齐王舍牛"的出处。从"齐王舍牛"这个典故可以看出孟子注重古礼的人文立场，但与此同时，在不得不杀死动物的时候，应该进行权衡——不仅是权衡行为的对象，也权衡行为本身。比如当动物侵犯人类的时候，孟子主张用驱赶而非杀戮的方法来解决。在这里，孟子表明了人类对动物应有的一种情感，即以一种真实的生命关怀去对待一切自然生物。

在孟子看来仁民爱物的最高境界是"万物皆备于我"。儒家生态哲学以"天人合一"作为工夫修养后所达到的最高境界。"天人合一"就是人与自然的合一，也就是冯友兰先生所讲的"天地境界"。"万物皆备于我"展现了孟子哲学中的生态境界论。在孟子看来，"我"和其他自然存在物处在同一个生命共同体内，应该对万物有着内在的生态关怀。"万物皆备于我"一方面表明了自然生物是"我"生命的一部分而不可分离，另一方面也认识到"我"能够通过生命情感关怀万物，体现了生态关切下的主体能动性。总的来看，"万物皆备于我"这样一种生态境界论，最终就是使主体确立一种宇宙意识。这种意识的形成，可以让个体突破以人类为中心的狭隘视域，进而站在一种最高级的"道"的视角对待自然万物。当此之时，主体便觉自身与万物无有间隙，浑然同体，实现"自我、万物、天道"的内在统一。

党的二十大报告指出：推动绿色发展，促进人与自然和谐共生。"民吾同胞，物吾与也"，人民是我们的同胞，万物是我们的朋友；"鸢飞戾天，鱼跃于渊"，鸟儿天上飞，鱼儿水里游。

如果人人都有一颗爱自然、爱万物的心,人类就能真正诗意地栖居于大自然的怀抱之中。

【思考与讨论】

1. 你如何理解和看待孟子的四端说与性善论?
2. 你如何评价孟子的仁民爱物思想?
3. 在《孟子·梁惠王上》中有这样一段话"君子之于禽兽也,见其生,不忍见其死;闻其声,不忍食其肉。是以君子远庖厨也。"请问你如何理解"君子远庖厨"这句话?

第六章 杨朱的哲学思想

一、杨朱生平

杨朱,字子居,生卒年代不可确考,约公元前395—前335年,与商鞅、孟轲等人同时而稍早。他的生平,我们知道得很少。《说苑·理政》记载杨朱有"三亩之园",似乎是一个小土地私有者。

杨朱生活的时代,正值封建社会伊始。这是一个社会大变动的时代,政治、经济和思想领域都正在经历着巨大的变革。从春秋中叶鲁宣公十五年(前594)"初税亩"起,正式承认土地私有,奴隶社会的土地所有制——井田制虽已遭到破坏,但由于各诸侯国发展很不平衡,所以到战国中期商鞅变法"废井田,开阡陌",井田制才彻底瓦解。在这一过程中,出现了大批的小土地私有者,即自耕农。其来源有二:(1)他们有的是从井田制下逃到荒远地方,占有小块土地而成为自耕农。(2)有的是因战功获小块土地而成为自耕农。从春秋中期到战国中期,这种小土地私有者大量增多,这就形成一个颇大的势力。他们在政治上要求保障自己的权利,在经济上要求保住他们的小块土地不受侵犯。杨朱及其学派的思想,正是这些小土地私有者的代表。

杨朱一派在战国影响很大,孟子描绘当时的情形时说:"杨朱、墨翟之言盈天下,天下之言不归杨,则归墨。"(《孟子·滕文公下》)这派影响虽大,却无著作传世,后人所言杨朱思想均出于战国及秦汉间人所著典籍,最早如《孟子·尽心上》所言:"杨子取为我,拔一毛而利天下,不为也。"其后《吕氏春秋·不二》云"阳

（通"杨"）生贵己"。《淮南子·氾论训》则述杨朱理论为"全性保真，不以物累形"。

据考证，杨朱的主要学说是"贵己""为我"而反对"侵物"和"纵欲"；杨朱的政治主张是建立"人人不损一毫，人人不利天下"的社会。

宋代大儒朱熹对杨朱是十分肯定的，他对杨朱的师承、思想主旨、学派传承及影响等多方面进行了分析，建立起了老子、杨朱、列子、庄子之间的思想传承序列，由此确定了杨朱在先秦道家思想史上的重要地位。南宋后期很有影响的理学家林希逸，认为杨朱的很多思想是有道理的，值得称赞，并力图澄清世人对杨朱的一些误解。林希逸对杨朱只是偶有批评，总体来说，他与朱熹一样是杨朱的知音，他对杨朱的评价以肯定为主。[1]

二、杨朱"贵己""为我"的生命哲学

杨朱的思想在先秦时期曾经产生过巨大的影响。在春秋变革、百家争鸣的动乱时期，杨朱积极对儒墨思想进行解构，并创造性地提出"贵己""为我"的思想，力图开辟一条治内而安外的学术道路。在这一过程中，对个体和生命的关注成为杨朱由治内到安外的重要媒介。

1. 杨朱贵己

据《韩非子·显学》记载："今有人于此，义不入危城，不处军旅，不以天下大利而易其胫一毛，世主必从而礼之，贵其智而高其行，以为轻物重生之士也。"《孟子·尽心上》说："杨子取为我，拔一毛而利天下，不为也。"《吕氏春秋·不二》也

---

[1] 刘固盛、赵妍：《宋明理学视野下的杨朱形象》，《华中师范大学学报（人文社会科学版）》2021年第2期，第141-148页。

有记载"杨生贵己"。这些记载从不同的方面说明了杨朱贵己的思想。

　　杨朱创造性地提出贵己的思想不是偶然。春秋末战国初是一个群雄逐鹿、动荡战乱的特殊历史时期。杨朱生逢乱世，如何保全生命使之避免残酷现实的戕害，成为他哲学运思的起点。在杨朱看来，死与他人无关，是真正属于主体个人的，是一种对生命延续的消极否定。对于生命，"论其安危，一曙失之，终身不复得"（《吕氏春秋·重生》）。在这种致思的指引下，杨朱哲学向着贵己重生发展成为理所当然。另外，诸侯的相互争略，君王厚生而致臣民轻死，儒家仁爱、墨家兼爱，长于治世却短于安世，杨朱有感于此而积极对儒墨进行解构，试图探寻一条釜底抽薪之路，即首先贵己治内。"古之人，损一毫利天下不与也，悉天下奉一身，不取也。人人不损一毫，人人不利天下，天下治矣。"他又说"善治外者，物未必治。善治内者，物未必乱。以若之治外，其法可以暂行于一国，而未合于人心。以我之治内，可推之于天下"。人人治内贵己，互不侵损，人人自重自爱，则天下治矣。这是杨朱生命哲学之"用"，也是其贵己思想的核心。

　　《列子·杨朱篇》载："禽子问杨朱曰：'去子体之一毛以济一世，汝为之乎？'杨子曰：'世固非一毛之所济。'禽子曰：'假济，为之乎？'杨子弗应。"对于杨朱为何未作回答，杨朱的弟子孟孙阳认为是由于禽子未达杨子之心。孟孙阳对杨朱的思想进行了阐发。他说，如果分离开来看，一根毫毛相对于一条大腿来说算不上什么。但反过来看，一根毫毛一根毫毛地合在一起才成为肌肤，而一块一块的肌肤组合在一起才能组成一条大腿。换言之，一毛虽小，却是整个身体不可缺少的组成部分。孟孙阳在这里用了积少成多的思维方式从而把一毛与整个身体连成了一体。禽子无语，因为他知道接下来面临的问题就是给你一个国家来换你的生命你会去干吗？连生命都不存在了，这个国家又怎么可能会是自己的呢？更何况这里还存在着一个前提的问题，那就是"世故非一毛所济"。

杨朱"一毛不拔"之智慧，其一，在于"重实不空"。不要只是口头上做虚无的承诺，从实际出发，不要做"拔毛"这样毫无意义的事情。其二，在于"重己，爱己为先"。在"重己"和"利人"之间选择了"重己"。一个人如果自己都不关心不重视自己，怎么可以希望别人来关心重视自己呢？一个人不关心不爱护自己，怎么能有能力去关心爱护别人呢？其三，在于"本分"，守住自己的本分，把"不与"与"不取"结合在一起。属于自己的，当仁不让，不属于自己的，不要贪恋。

2. 杨朱"为我"

杨朱为什么要提出"为我"的主张呢？该怎样理解杨朱的"为我"主张呢？《列子·杨朱》中有云："人者，爪牙不足以供守卫，肌肤不足以自捍御，趋走不足以避利害，无毛羽以御寒暑，必将资物以为养，任智而不恃力。故智之所贵，存我为贵；力之所贱，侵物为贱。然身非我有也，既生，不得不全之；物非我有也，既有，不得不去之……不横私天下之身，不横私天下物者，其唯圣人乎！公天下之身，公天下之物，其唯至人矣！此之谓至至者也。"从上面这则文字中可了解，杨朱之所以提出"为我"思想，是因为他认为人不能像动物一样有强健的肌肤以抵御自然风险，因此人首先应该保全自己的身体，只有保全了自己的身体，才能有所作为，才能把自己这属于天下的身体化为公有，把属于天下的物资化为公有，这才是至高的道德。

杨朱之"为我"思想并不是为了自己的一己之利，而是只有以人人"为我"为基础，才可能利天下，否则，如果没有一个一个的人，焉有天下？又何言利天下？可见，杨朱看到了人是构成社会的主体，"为我"乃是我们为了保证每个个体的存在，从而保证社会、国家之存在。

杨朱主张贵己、为我，贵己、为我的意思是凡事都要以自我的生命为中心，不做有损于自我生命的事。这种思想与利己主义、特别是极端的利己主义显然还是有距离的。因为利己主义不仅仅是以自我的生命为中心，而且还会为了自我生命的需要做出损及他人利益的事情，而杨朱拒绝"悉天下奉一身"，主张"公天下之"，他并不想占有、攫取他人的利益。杨朱的为我、贵己最终只是落实到"全性保真"上，"全性保真"也就是保全自我的原始、纯真的生命状态。保全自我的原始、纯真的生命状态不需要攫取过多的物质和利益，因为人类原始的、纯真的生命并不需要太多的物质和利益来满足；倘若人们一味地去追求外在的物质和利益，那反而不能够"全性保真"，而成为"以物累形"了，这不仅不符合贵己、为我的要求，而且也明显与杨朱的轻物主张相违背。

三、杨朱的生活态度：轻物重生，追求自然本性

1. 贵己重生，追求自然本性

杨朱认为，处世界之中，吾人既不自伤其生，更无须伤他人他物。当生行趣，激荡出人生情怀的旷世豁达和无与伦比的人格魅力。生命短暂易逝，需释怀一切，放任逸乐，享受生活，追求人生的快乐境界，以达"为我"之怡然状态。人应顺其自然之本性，不违自然之所好，从心而动，依性而行。人生为何？为求己之趣，而非墨家以牺牲个人保全群体之利益，此即墨与杨之根本区别所在。

生命是宇宙天地最为珍贵的至上之物，"我"贵己重生，适欲从性是对生命意义的尊重。杨朱肯定了追求和满足感官的物质

欲望对人生的意义，在此杨朱绝不是赞成纵欲，他主张不以物累形，反对只注重对物质的追求。杨朱重视人内在的修养，通过本身的内在历练，适当节欲，做到"利之性则取之，害于性则舍之"，使"六欲皆得其宜"。比如《吕氏春秋》中有几篇文章被认为体现了杨朱后学子华子和詹何的思想，子华子和詹何直接继承了杨朱的思想，所以我们也可以认为，这几篇文章体现的是杨朱的思想。《吕氏春秋·重己》篇说："圣人必先适欲"，适欲就是节欲，即节制欲望。显然，杨朱不主张纵欲。至于杨朱为什么不主张纵欲，《吕氏春秋·贵生》篇里说道："圣人深虑天下，莫贵于生。夫耳目鼻口，生之役也。耳虽欲声，目虽欲色，鼻虽欲芬香，口虽欲滋味，害于生则止。在四官者，不欲利于生者则弗为。由此观之，耳目鼻口不得擅行，必有所制。譬之若官职不得擅为，必有所制。此贵生之术也。"这就是说，圣人对天下的关注，远比不上他对生命的爱护。眼、耳、口、鼻等感觉器官都是为生命服务的。既然如此，眼、耳、口、鼻虽然可以追逐相应的欲望，但如果这种逐欲的行为伤害到了生命就应当停止，这才是重生的表现。

2. 杨朱生活态度的当代启示

奥地利学派的奠基人门格尔，是奥地利经济学家，长期任维也纳大学法学教授、法学院院长和校长，1871年写下了他的巨作《经济学原理》（*Principles of Economics*）一书，他也因此成了奥地利经济学派的创始人。他认为一物成为财货，需要：（1）人类对此有欲望；（2）此物能与人类欲望的满足有因果关系；（3）人类对此因果关系的认识；（4）人类对此物的支配。那些人类所需求的数量大于可支配的数量的财货即是经济财货。个体可支配的经济财货就是财产。

在小国寡民状态，如果个人通过抑制自身欲望，只关心个体生命的维持与延续，即"轻物重生"，那么其所需求的财货数量就有可能少于可支配的财产，在这种状态下，无需私有制与所有权的存在。这种状态是卢梭所言的人类"黄金时代"，这个阶段中，生产力的发展足以颇为有效地利用起自然资源，而人类的需求又尚未超脱维持生命的基本要求。因此出现了一段短暂的，不存在经济财货，也不需要财产与私有制的黄金时代。也就是老子所言的小国寡民状态："甘其食，美其服，安其居，乐其俗。邻国相望，鸡犬之声相闻，民至老死不相往来。"反之，如果个体欲望增长，致使需求的财货超过可支配财货，而如果与此同时又没有合理的产权体制，则人们为了争夺有限的资源，势必导致混乱、争斗以至战争。随着文明的发展，人口与个体的需求总是不断增长的，势必超过可支配财货的数量。现代社会中的人口和欲望已经非常庞大，故而需求的财货数量也十分庞大，但资源越来越有限，只有通过完善的产权制度方可避免争斗。这也正是所谓的"现代化陷阱"。要走出现代化的陷阱，走出现代化的怪圈，肇始于杨朱的少私寡欲、轻物重生思想无疑会带给我们启迪。

总而言之，杨朱轻物重生，追求自然本性的思想启迪我们：合理享受、淡化名利、乐观处世、视物如己、万物平等，努力实现人与人、人与社会、人与自然的和谐。

四、"人人不损己利人，人人也不损人利己"的政治思想

杨朱的社会理想——不取、不与和"君臣皆安，物我兼利"。杨朱的政治主张是建立一个"人人不损己利人，人人也不损人利己"的社会。社会是由各个"我"所组成，如果人我不相损、不相侵、不相给，那么天下便无窃位夺权之人，便无化公为私之辈，这样社会便能太平。如果每个人都"贵己""重生"，就会达到

理想的社会状态："君臣皆安，物我兼利"。

1.保护每个人的自然权利

杨朱所处的时代是诸子百家争鸣的时代，也是中国历史上最动乱的时期之一。当时的社会，征伐不断，百姓陷于水深火热之中，杨朱锋芒毕露地提出"为我""重生""贵己"这种反传统的叛逆思想，既与儒、墨、法诸家的理论矛盾冲突，又与贵族统治者的利益尖锐对立，所以一方面得到拥护而"盈天下"，另一方面又受到诸家的责难和封杀。杨朱倡导"为我"，要求人们以自身为目的，然而杨朱并没有止步于此，他思想的最后落脚点在于建立永无纷争的理想国度。

《列子·杨朱》载："杨朱曰：'伯成子高不以一毫利物，舍国而隐耕。大禹不以一身自利，一体偏枯。古之人损一毫利天下不与也，悉天下奉一身不取也。人人不损一毫，人人不利天下，天下治矣。'"一方面，从"损一毫而利天下，不为也"衍化出"人人不损一毫，人人不利天下，天下治矣。"另一方面，人人都不拔一毛而利天下，也不贪天下大利而拔自己一毛，人人都各自为己而不侵犯别人，则天下治矣。杨朱的这种主张个人自由的政治论，自然是要反对干涉主义的，他认为个人是社会的一分子，社会之良善，完全由各个人努力向上所致。人人为己，自由自在地生活，天下不治而治，这是一种高明的治世思想，杨朱的个体意识、"为我"思想的指导在某种程度上具有启蒙和解放意义。[1]

杨朱的伦理思想没有表现出强烈的家国天下意识，而是处处以个体为本位。鉴于"春秋无义战"（《孟子·尽心下》），杨朱提醒人们，个体才是最有价值的，个体的生命才是最宝贵的。杨朱的这种思想充分体现了战国时期人们的个体意识之觉醒，具

---

[1] 陈利维：《论杨朱的生存哲学》，《科技信息（学术版）》2008年第7期，第137–139页。

有正面的价值、积极的意义。唐代诗人白居易的《卖炭翁》可谓杨朱思想的一个注脚："损一毫而利天下"的后果往往变成了"悉天下而奉一身"。诗中那"黄衣使者白衫儿"，其实就是宫里的太监，他们看到卖炭翁的一车好炭，就立即把炭取走，只向老翁宣称是按照皇帝敕令，皇宫征收就行了，用半匹红绡，一丈白绫象征性地补偿一下，取走了千斤好炭。"可怜身上衣正单，心忧炭贱愿天寒"，可怜的卖炭翁无哭无泪，喊冤无门。

2. 朴素的政治自由主义

杨朱的政治理想体现了朴素的自由主义。《说苑·政理》中有这样一段："杨朱见梁王言：'治天下如运诸掌然。'梁王曰：'……何以？'杨朱曰：'臣有之。君不见夫牧羊乎？百羊而群，使五尺童子荷杖而随之，欲东而东，欲西而西。君且使尧牵一羊，舜荷杖而随之，则乱之始也……将治大者不治小，成大功者不小苟。此之谓也。'"在这个"童子牧羊"的比喻中，羊群"欲东而东，欲西而西"，享有充分的自由，象征统治者、管理者的"童子"只是"荷杖随之"，并不乱加干涉。这不禁使我们想起了亚当·斯密关于"看不见的手"的比喻以及关于国家只应起"守夜人"作用而不乱干涉经济活动的观点。虽然与亚当·斯密的近代经济自由主义理论相比，杨朱的观点只能称之为古代朴素的自由主义政治理论，但其历史地位则是不应低估的。

3. 杨朱政治思想的不足

人的本质不是单个人所固有的抽象物，在其现实性上，它是一切社会关系的总和。个人终归是社会的存在物，对于在什么情况下可以"拔毛"，可以为天下奉献这个问题，杨朱没有讲清楚，这一点是一个遗憾。

在任何情况下，不为救天下而拔一毛，人人保守自己的权利一点不放松，可以吗？当然是不行的。人类有很多需要必须在群体中得到满足，有很多共同需要也必须以群体的形式加以解决。比如应对自然灾害、抗击外敌、建设宜居环境等都需要以群体的方式解决，个体在这个时候只能依靠群体协作的力量才能满足自己的需要。对于每个人而言，不是不能拔一毛，而是拔一毛的原则问题。拔一毛是可以的，甚至拔很多毛都是可以的，关键在于拔一毛的原则，即个体的自然权利之原则不能丢——无论要取走属于个体自然权利的任何东西都要有一个合乎法理的交代；无论是拔去一毛还是很多毛，如果是不可避免的，是公平公正合理的，那就是可以接受的。

拓展阅读：关于杨朱的小故事
杨朱泣歧途

有一次，杨朱的邻居家中逃失了一只羊。那邻居十分焦急，全家出动，分头去寻找。邻居见人手不足，来到杨朱家，对杨朱说："先生，能不能让你的僮仆帮我去找一只逃失的羊？"

杨朱听了，不以为然地说："不过逃失了一只羊，为什么要这么多人去找呢？"

邻居说："村外有很多岔路，很难追寻。"

杨朱情面难却，便叫僮仆帮邻居去找羊。

过了一会儿，所有去追寻失羊的人都回来了。杨朱见了，问："羊找到了吗？"

邻居回答说："逃走了，没找到。"

"怎么会找不到呢？"杨朱惊奇地问。

邻居说："村外的歧路中又有歧路，歧路中又有歧路，简直像蛛网一样，不知道从哪一条路追好。无奈之中，只得回来了。"

杨朱听了，脸上露出悲伤的神色，很长时间没有说话，一整天没有露出笑容。

不久之后，杨朱有事外出，来到一条四通八达的大路上，见四面都有岔路，一下子忘了朝哪里走，他想起邻居丢羊的事，不由哭了起来。

后来，"杨朱哭歧路"这一典故，用来形容对迷失方向的感伤；或表达对误入歧途、不能复归的忧虑。

后世的"竹林七贤"之一阮籍也有一故事，"阮籍哭穷途"，不同的是，杨朱是遇歧路而哭，阮籍是无路可走而哭。在古代，两人的哭都很有名，杜甫有"茫然阮籍途，更洒杨朱泣"之句，雷瑨有"朝为杨朱泣，暮作阮籍哭"之句。

（出自《列子·说符》，摘编自《歧路亡羊》，《万象》2021年第16期，第42-43页）

杨朱逆于宋

阳子之宋，宿于逆旅。逆旅人有妾二人，其一人美，其一人恶，恶者贵而美者贱。阳子问其故，逆旅小子对曰："其美者自美，吾不知其美也；其恶者自恶，吾不知其恶也。"阳子曰："弟子记之！行贤而去自贤之行，安往而不爱哉！"

（出自《韩非子·说林上》）

杨布打狗

杨朱的弟弟叫杨布，他穿着件白色的衣服出门去了。遇到了大雨，杨布便脱下白衣，换了黑色的衣服回家。他家的狗没认出来是杨布，就迎上前冲他叫。杨布十分生气，正准备打狗。在这时，杨朱说："你不要打狗，如果换作是你，你也会是像它这样做的。假如刚才你的狗离开时是白色的而回来就变成了黑色的，你怎能不以此而感到奇怪呢？"

杨朱的意思是说，如果是你自己变了样子，就不能怪别人对自己另眼相看了。别人对自己的态度和之前不同的时候，我们自己首先要从自己的身上找一下原因，不然就会像杨布那样，自己变了一身衣服，狗认不出他来了，他还要怪狗了。

（出自《列子·说符》）

杨朱见梁王

杨朱觐见梁王的时候，对梁王说治理天下就和在手掌上玩东西一样容易，梁王说，先生你只有一个妻子，一个妾室，但是你自己都管不好。而且你只有三亩大的菜园子，但是你自己却除草都除不干净，现在却告诉我治理天下就像在手掌上玩东西一样简单，这是为什么呢？

杨朱就回答梁王说，你见过那边的牧羊人吗，几百只羊把他们集合在一起为一群，然后让一个五尺高的小孩子拿着鞭子跟着边上赶着羊群，你想让羊群往东羊群就往东，你想让羊群往西羊群就往西。试想一下，如果尧牵着一只羊，舜拿着鞭子赶着羊，羊就不容易往前走了。

而且我之前也听说过，能吞没大船的鱼都是不会到支流去游玩的，而且鸿鹄在高空飞翔的时候，是不会落到池塘上的。这是因为它们都有远大的志向，像黄钟、大吕这样的音乐，就不能够给那些繁杂胡乱的舞蹈伴奏，因为他们的音律非常有条理。"得治大者不治小，成大功者不小苛。"

（出自《列子·杨朱》）

五、且趋当生，奚遑死后——杨朱的生死观

生死问题一直是中国哲学史上所关注的重要问题之一，亦由此产生了不同的生死观。杨朱认为，万物所异者生，所同者死，故提倡以"且趋当生，奚遑死后"的态度对待生死。

1. 万物所异者生，所同者死

杨朱认为死亡具有必然性。依据经验观察，人类的寿命是有

限的，能够活到一百年者少之又少，"千无一焉"。寿命的有限标示着人类必然面临死亡的命运。死亡的必然性又具有普遍性：死亡不仅对人类而言是必然的，对于万物也是如此。虽然万物的生命长短有所不同，生时际遇有所不同，虽然有人出生于富贵之家，有人出生于贫贱之门，有人长寿百岁，有人英年早逝，甚至出生时就夭折，有人如尧、舜那般贤明，有人如桀、纣那般残暴，但是不同的人不管人生际遇如何，不同的动植物不管品性如何，最终都面临着死亡的结局。换言之，生前有种种不同的万物在死亡的必然性面前，并没有任何区别，所有的差异都被相同的死亡结局融释了；死亡并非人力所能改变，是客观必然的，人的生命并不会由于自己主观上的刻意珍重而长生不死，也不会由于对自己身体的爱惜之情而无限延长寿命。

2. "且趋当生，奚遑死后"的生活态度

死亡的必然性标示着生命的有限性，生命的有限性则使得生命的意义是什么成为重要的问题。这一问题从古至今困扰着无数的人，他们基于不同的人生阅历、不同的知识背景、不同的生活经验而从不同的角度对之做出不同的回答。

杨朱主张求得物质享受的最大满足才是人的本性，人的精神、意识的本质就在于渴望和追求"音声""美厚"等；人们应当摆脱对虚名的执着，在有限的人生中获取最大的物质享受与精神愉悦。

如前文所述，杨朱所倡导的追求现实欲望满足的生活，并不是没有前提与原则的。感官欲望的满足只是为了获得肉体与精神的双重快乐，否则纵情纵欲不仅不会使人获得逸乐，反而会损伤到享受快乐的载体。在杨朱看来，能够做到既致力于追求感官欲望满足的快乐生活，又能够做到不因外物而损生、累身，只是把外物作为奉养己身之资具的人，才是真正懂得人生真谛的达人。

总之，杨朱认为，生命是世界上最为珍贵的至上之物，轻物重生、从性而游是对生命意义的尊重,轻物重生在本质上是心怀天下的另一种表达方式。杨朱之学重视个体生命的意义,致力于存在主体的身心安顿,的确是中国古典文化中的值得品鉴的一颗珍珠。任何学说都有其有限性,杨朱的思想作为产生于战国时期的思想,其对普通民众的关怀,对个体生命的解放,对理性思考的坚守,业已难能可贵。我们应冷静地对待这种传统,采撷其有价值的部分继续发展,在新时代实现其真正的价值。

【思考与讨论】

1. 你如何理解杨朱"一毛不拔"的思想?
2. 请谈谈杨朱思想对于当代大学生的意义。

第七章　老庄的人生哲学

老庄的人生哲学之所以不合流俗、独树一帜，在于其视野的高度和广度。它不是就人生看人生，而是从"道"或宇宙的视野对人生进行整体观照，帮助人们超出自我的局限，克服有限价值的束缚，重新审视人生和人所创造的文明。老庄人生哲学注重培养生命的厚度，优化人的心性，倡导豁达超脱、恬淡虚静、自由自在的精神生活，其人生智慧可以帮助人们拓展精神空间，纯化精神世界，特别有助于现代人调整人生态度，摆脱身心困惑，提高生命的质量和品格。

一、老子的人生哲学

《老子》又名《道德经》，是先秦伟大思想家老子（前571—前471）的著作。《老子》以"道"为核心，以"法自然"为原则，以自然之"真"为人生的终极价值。老子之"道"具有广大而神秘的趣味，不可忽略的是，老子的天道观、自然观，究其根本还是生命的精神、人生的境界。老子的人生哲学，不仅奠定了道家人生哲学的基础，而且对中华民族的处世之道产生了深远影响。

1. 重身轻物

对人来说，最宝贵的东西是什么？不同时代的人有不同的回答，即使同一时代的人，对此也会有不同的看法。古往今来，有相当多的人把功名利禄看得高于一切，认为只有获得高官厚禄才算实现了人生的价值。

在如何对待名利问题上，儒家秉持的是道义原则。儒家创始人孔子说："富与贵，是人之所欲也，不以其道得之，不处也。""君子喻于义，小人喻于利。"（《论语·里仁》）孔子一方面承认名与利的合理性，另一方面更加强调道义的重要性，君子应该把对仁义的追求放在首位。

与儒家的道义原则不同，墨家和法家遵循的是功利原则。他们在考虑问题和处理问题时，立足于功利的立场去权衡、去评价。墨子把兴利除害视为人类社会生活的全部内容，他强调人的所作所为都必须以是否对人们有利为基础，他提出的"非乐""非功""节用""薄葬"等所有的社会准则，无不体现着功利的思想倾向。法家的韩非更是明确地把求"利"视为人的本性，并肯定了人们追求物质利益的合理性。

道家的创始人老子既强烈反对儒家的道义原则，也不同意墨家与法家的功利原则，而是独树一帜，提出一条"重身轻物"的解脱原则。功名、财货、生命三者，都是人之所需，然而三者相比，哪一个是最重要的呢？在今天看来，这本来是不言而喻的，没有了生命，功名、财货又有何用？如果是为了某种正义的事业而献身，当然无可厚非，而且值得提倡，但世上不少人只是为一己之私而不惜以生命为代价，这就让人痛心和惋惜了。老子从"重身轻物"的基本立场出发，认定人的生命比任何外在的名声、财货等都要贵重得多。在老子看来，追求名利无非是为了人的生命的延续，如果名利对人身构成威胁与损害，那就宁可抛弃名利而保身。

老子说："名与身孰亲？身与货孰多？得与亡孰病？甚爱必大费，多藏必厚亡。故知足不辱，知止不殆，可以长久。"（《老子·第四十四章》）这是说，名声与生命，哪个更可爱？生命与财富，哪个更贵重？获得与丢失，哪个更有害？过分的吝啬，必定会造成更大的浪费,过多的贮藏,必定会遭受更大的损失。因此,知道满足便不会遭到侮辱,知道适可而止,便不会遇到危险,这样才能长久地生存下去。

从"重身轻物"的观点出发,老子对追名逐利的人生理想与价值取向进行了揭露和批判。他认为:不尚贤,使民不争;不贵难得之货,使民不为盗;不见可欲,使民心不乱。(《老子·第三章》)老子认为,在上位者如果崇尚贤名,在下位者就会趋之若鹜;反之,在上位者如果不崇尚贤名,在下位者也就不会为争名而损人害己。同样的道理,珍品奇货人人眼红心热,争抢这些难得之货的盗贼也就应运而生。如果统治者不以之为贵,甚至弃之如敝履,人们也就不会沦为盗贼了。从治理国家的角度说是如此,从个人修养方面说也是如此。老子说:"金玉满堂,莫之能守,富贵而骄,自遗其咎。"(《老子·第九章》)人在没有得到名利时,时刻为得到名利而奔走忙碌,自然是辛苦的;一旦名利双至,也有可能遭到别人的嫉妒与抢夺,难以守住。再说"金玉满堂"往往可能腐蚀人的灵魂,败坏人的品德,使人滋生骄傲情绪,最终招致各种祸患。

总之,老子认为重视和爱护自己的生命,不被物质名利所诱惑,是一种高尚的道德品质。这一思想是对"追求名利是人生最大幸福"的彻底否定,不仅在严重践踏个人生命的春秋战国时代是惊世骇俗之论,直到今天仍具有启发和借鉴意义。

2. 少私寡欲

如何对待人的欲望,体现着人生的价值取向。在这方面,老子既反对禁欲,也反对纵欲,而主张"见素抱朴,少私寡欲"。老子承认饮食男女之事是人的强烈欲望之所在,声色犬马本来也都是人的生理欲求,但任何事物都应有合理的限度,如果过分地追求,非徒无益,反而有害,轻者伤身,重者丧命,所以应该保持质朴的本性，减少私欲。

在老子看来，人的欲壑难填，总是追名逐利，乐此不疲，会严重损害人类纯洁、淳朴的自然品性，更会使人的身心性情备受损伤。他说：五色令人目盲，五音令人耳聋，五味令人口爽，驰骋畋猎令人心发狂，难得之货令人行妨。是以圣人为腹不为目，故去彼取此。（《老子·第十二章》）意思是：纵情于外在的声色之娱乐，只能使人自戕，根本达不到养生的目的。因此，老子反复提醒人们要力戒过分的官能刺激与发泄，屏除外部物欲的诱惑，务于内而不逐于外。

老子"少私寡欲"这一主张，把人们从欲望得不到满足这一烦恼中解脱出来。人的欲望是无止境的，欲望满足之后还会产生新的欲望，最终会陷入"欲望—满足—新欲望"的怪圈。所谓"贪得无厌"，正谓此也。一旦欲望得不到满足，便会产生烦恼与痛苦。旧的烦恼消除了，新的痛苦则会接踵而至，这便如何是好？看来要真正获得解脱，只能借助于老子的"少私寡欲"，戒除过分的欲望了。

从"少私寡欲"的观念出发，老子提出了两条重要的处世之道，亦即解脱之道，这就是"知足不辱，知止不殆"和"功遂身退"。

老子认为，人如果知道满足，便不会遭到侮辱；知道适可而止，便不会遇到危险，这样才能长久地生存下去。由此看来，罪恶没有比恣情纵欲更大的了，祸患没有比不知足更重的了，灾难没有比贪得无厌更惨的了。所以，人能知道满足，适可而止，就会保持心态平和，这才是永远的满足。老子说："自胜者强，知足者富。"（《老子·第三十三章》）能够克制自己欲望的人才是真正的强者，知道满足的人才是真正的富有。

"功遂身退"是老子提出的一条重要的人生信条。历史上名垂青史、流芳百世的俊杰，往往也是"功成而弗居"的楷模。春秋时晋国的大夫介子推追随公子重耳出亡,历尽艰辛,甚至"割股奉君"。但在重耳返回国内成为国君并封赏功臣时,居功至伟的介子推却不愿"贪天之功以为己力"(《左传·僖公二十四年》),隐居起来,至死不再露面。范蠡和文种是春秋末期越王勾践的两位大夫,勾践在他们的协助下卧薪尝胆,发愤图强,终于报了被吴王夫差灭国之仇,成为一方霸主。曾为越王勾践称霸立下汗马功劳的范蠡,当时被封为上将军。但他深知勾践之为人,可与共患难,不能共安乐,于是到齐国隐姓埋名,悄悄经商,终成富甲天下的陶朱公,享尽天年。范蠡在离开越国之前,曾给文种一信,晓以"功遂身退"之理,劝其离开越王勾践。然而文种眷恋富贵荣华,不肯离去,终遭杀身之祸。

3. 守柔处弱

在日常生活中,人们往往把刚胜柔、强胜弱视为事物发展的一般规律,而老子却以其独特的智慧,深刻地揭示了柔胜刚、弱胜强的人生哲理,并把守柔处弱作为其人生哲学的基本信条之一。

老子运用自己的生活经验,敏锐地觉察到柔与刚、弱与强之间存在着一种奇特的现象:刚强并非像一般人认识的那样总能战胜柔弱,而在更多的情况下柔弱会战胜刚强。从自然现象来看,柔弱的一方往往是事物无穷生命力的象征,而刚强反倒是事物迅速走向死亡的根源。老子说:人之生也柔弱,其死也坚强。草木之生也柔脆,其死也枯槁。故坚强者,死之徒;柔弱者,生之徒。(《老子·第七十六章》)

老子正是看到了柔弱与刚强之间的这一特殊现象,所以断言,"强大处下,柔弱处上"(《老子·第七十六章》),"天下之至柔,驰骋天下之至坚"(《老子·第四十三章》)。强大的总是处于下位,柔弱的却往往处于上位,天下最柔弱的事物,却能够战胜最刚强的事物。老子的这一论断不无道理。比如风是最柔弱的,但能够断树毁屋；普天之下没有比水再柔弱的了，但它却能滴穿金石，漫山过岭，摧毁刚强的东西，没有什么能胜过它。

因为柔弱可以胜刚强，所以老子主张守柔处弱。他说："知其雄，守其雌，为天下溪……知其白，守其黑，为天下式……知其荣，守其辱，为天下谷。"(《老子·第二十八章》)老子认为，在雌柔中含有雄强的因素，守雌是为了雄强；在暗昧中含有光亮的成分，守黑才能得到光亮；在屈辱中含有荣耀的萌芽，守辱才能显现荣耀。就像委屈是为了保全，屈枉才能伸展，低洼反而充盈，弊旧才能生新一样。又像跳高、跳远运动员一样，为了跳得更高、更远，往往先后退一段距离，以作跃进前的助跑。人们常说的"欲擒先纵""知耻必勇""物极必反""否极泰来"等，都含有柔弱胜刚强的辩证因素。

需要说明的是：老子主张柔弱，并非追求柔弱本身，而是有见于"柔弱胜刚强"。换言之，柔弱是其手段，刚强，生，才是其目的；所谓"贵柔尚弱"，并非要使自己变得柔弱，而是示人以柔弱，以柔弱之态处世，骨子里却蕴涵着无比的韧性与刚强。老子的柔弱胜刚强的思想，给中国传统文化注入了一种宏大、超越的精神；使中华民族具有一种强大的力量和各种艰难曲折所吓不倒的伟大气魄。中华民族所具有的豁达、恢弘的精神，很大一部分来自道家思想。

4. 为而不争

在老子看来，"天之道，不争而善胜"(《老子·第七十三章》)，"人之道，为而不争"(《老子·第八十一章》)，这就是所谓"不争之德"(《老子·第六十八章》)。有人把老子的"不争"理解为纯粹消极的坐以待毙，不求进取，其实是误解了老子的意思。老子提倡的与世无争，并不是不要功利，只不过他把功利寄寓于不争之中，认为不争是最好的争。诸葛亮追求的"淡泊以明志，宁静以致远""不出茅庐,已知三分天下"就是不争的表率。对当代大学生而言,只有心里安静,耐得住寂寞,静下心来求学问,才能走得更远,实现自己的人生价值。

对此,老子以水为喻加以说明:上善若水,水善利万物而不争。处众人之所恶,故几于道。居善地,心善渊,与善仁,言善信,正善治,事善能,动善时。夫唯不争,故无尤。(《老子·第八章》)意思是说:水安于卑下,世上万物生长都离不开水,但它并不因此居功自傲争地位,它总是往低处流,总是待在其他东西都不愿待的低凹之地。水正因为安于卑下,不争地位,所以没有谁不喜欢它,因此就没有什么仇怨。正因为没有仇怨,进而就有"江海所以能为谷王者,以其善下之,故能为百谷王"。

一般人都会力争上游,不甘人后,这一点无可厚非。可老子却要人用不争之德的心态作为实现人生目标的方式,通过处下不争达到居上之目的。这看似消极,其实是更高层次的积极。"善为士者,不武;善战者,不怒;善胜敌者,不与;善用人者,为之下。是谓不争之德……"(《老子·第六十八章》)"圣人之道,为而不争。"(《老子·第八十一章》)按照这种"不争"之德,就是让人不用生硬的手段去处世,不逞一时之勇,而用不争之德行去实践。使之自然地向合情理的方向发展并最终实现之。"天之道,不争而善胜。"(《老子·第七十三章》)"为无为,则无不治。"(《老子·第三章》)

二、庄子的人生哲学

1. 庄子其人

和身后的偌大名气相比,现存文献中关于庄子个人历史的记载堪称少得可怜,以至他的家世渊源、师承关系,甚至连生卒年月都不甚明了。目前大体可知的是，庄子姓庄名周，字子休，大约生于公元前369年，卒于公元前286年，与孟子同时但稍晚。据《史记》记载，庄子"尝为蒙漆园吏"。"蒙"指的是宋国蒙地，他曾在这里做过一段时间的漆园吏，也就是看管漆树园的小官吏。但没过多久，庄子即辞去这一职位。

据《史记》中的另一段记载：楚威王曾派人带着千金厚礼去请庄子为楚国之相，但被庄子拒绝。庄子谓："千金可算重礼，卿相也是尊位。可是，你见过祭祀用的牛吗？牛被养肥了，披红挂彩，最终牵到太庙杀了作为祭品。我宁可做一头在污渎中自快的孤豚，也不愿意被当权者所羁绊。"最终，庄子终身不仕而以快其志。

庄子所处的年代为战国中期，正是齐、秦、楚、韩、魏、赵、燕七雄争霸的时代。彼时，孟子正忙于游说列国，而墨家门徒遍及天下，正是百家争鸣的黄金时期。然而，在这个动荡不安但又充满机遇的年代，富有才华的庄子却主动选择隐退，他宁可在陋巷中著书立说，也不愿意趋奉权门而追求富贵闻达。

作为道家的代表人物之一，庄子是继老子之后的另一高峰。他在道家学派中的地位，就类似于儒家学派中的孟子之于孔子。当然，尽管被后人合称为"老庄"，但庄子和老子还是有着明显的区别。首先，老子、庄子都以"道"为思想核心，但老子主张"道"在人先、以"道"为纲，"道"是先天的，凌驾于天地人之上；而庄子主张"道"与人同，人在"道"中，"道"与万事万物都是一样的，所谓"齐物论"的观点。其次，老子、庄子都主张"无为"，但老子的"清静无为"是大道至简，是以"无为"为"有为"，"常无为而无不为"是主张治国理政顺势而为、以退为进，而不是真正的消极无为；庄子则不然，他更多的是消极避世、远离红尘，注重的是人生自由的追求，属于隐士一派的作风。从这个意义上说，老子的思想是入世的，而庄子的思维是出世的。

庄子的人生哲学中洋溢着对自由的渴望，激荡着对独立自主的人生和超然物外的精神追求。闻一多先生曾说过，"庄子穷困了一生，也寂寞了一生……然而，最终取代他毕生沉寂的，是永久的辉煌"。庄子的辉煌，主要为后人构建了一片纯净的精神土壤，他的人生态度虽然不是主流，但这种教人忘怀得失、超越现实与庸俗的思维取向，仍具有可取之处。

2、庄子人生哲学的基本内涵

《庄子》一书，汪洋恣肆，仪态万方，力求探析人类生存的自由理想。详审《庄子》，不难发现，这种理想具有三层境界：

第一，绝对自由。具有这种境界的人，"乘天地之正，而御六气之辩，以游无穷""物物而不物于物"，不受时空限制，形体自由，超远高拔，无所依待，无有窒碍，其精神充满天地，通达万物，完全泯物我，天人合一，自我与整个宇宙合为一体。这是庄子人生理想的最高层级，承载了他的全部情怀。

第二，相对自由。显然，最高层级的自由境界，在严酷的现实面前难以实现。于是，庄子退而求其次，又提出"游于有间"，也即相对自由，在夹缝中求生存的人生理想。庖丁解牛的故事很能说明这个状态：彼节者有间，而刀刃者无厚，以无厚入有间，恢恢乎其于游刃必有余地矣。此处的"无厚"即"无己"，是指不师成心，不为物役。人生于世，应随机应变，利用空隙，求取存身之地，以与外界周旋。因为游刃于空，毫无挂碍，故能"十九年而刀刃若新发于硎"。不与外物相刃相磨，则可免受其害，即所谓"虚己以游世，其孰能害之"。现实残酷，既然挣不脱、走不掉，那就与之周旋，与之俯仰，尽量获取适宜的生存状态。

第三，精神自由。相对自由，并非庄子本意所求；而绝对自由，又难以得遂，于是他又提出游于心，即在物质困境下，寻求精神超越，获取心灵的安宁与满足。既然不能改变客观的生活困境，那就转向自我，寻求主观世界的突围。于是，庄子提出了三条修身路径：

（1）认识层面上"齐物"。在庄子看来，万物的差别，不是现世具有，而是认识主体"成心"所致，"夫随其成心而师之，谁独且无师乎？"有了"成心"，则是非滋生，善恶出现。反之，摈弃"成心"，以"齐物"之心观照万物，则能"万物一齐""万物皆一"，且能"旁礴万物以为一"，泯灭观念上的畛域和实际上的分歧。这种认识上的执着破除以后，则可形成一种高远的视域，博大的胸怀。这个时候，再去鸟瞰俗世，则能包容万物，超越物质，弥合天地。即便生死，也可成功跨越，"死生，命也，其有夜旦之常，天也"。"死生为昼夜"生死之忧业已消解，其它诸如时命、情欲、是非、贵贱等人生困境自可突破、跨越，实现真正的精神自由。

（2）行动层面上的"顺天安命"。庄子用"天"和"命"的范畴发展了老子的"道论"，强调崇尚自然、反对人为。庄子所推崇的自然本意是事物本身所具有的固有性状。凡事应该抱有"得者，时也，失者，顺也"的心态。唯有如此，才能"哀乐不能入也"，符合和保存人的本性，做到合规律性与合目的性的统一，获得生命的完满和精神的自由。庄子认为，人们能以超然豁达的态度对待外物，距离自由固然进了一步，但还不够，还应该在命运面前保持超然达观的态度，做到"知其不可奈何而安之若命"（《庄子·人间世》）。"安命"不是什么事都不做而静等命运的安排，而是在付出积极行动与努力之后知道什么是"无可奈何"并"安之若命"。

（3）精神层面上"体道"。在庄子看来，"道"实际存在，也是天地万物的根源。依庄子所言，道是无所不在的，它存在于我们身边大大小小的事物中。事物与事物之间在人们看来或有贵贱之分，但事物本身是无高低之分的。"道"作为本源之道，是万物生成的缘由，小小的事物中也存在着"道"。道生育着万物，道始终贯穿于万物的生长过程中，而具体事物的运动变化始终体现着道的存在。道尽管是不可知的，但人是可以走向道的，每个人都可以通过自己的努力去体悟道。而"体道"的境界，就是"心灵所开展出来的最高的境界"，它无须理性认识和逻辑推理，只要直觉体悟，通过"心斋""坐忘"等方法，使智性消解，精神虚空，突破个体自我局限，感通天地万物，即可抵达"独与天地精神往来"的自由。

3、庄子人生哲学的主要内容[1]

（1）齐同生死、安时处顺的生命观

在庄子看来，人的生死并不由自己决定，也不由别人决定，而是完全出于自然，"生之来不能却，其去不能止"（《庄子·达生》），就像黑夜和白天自然交替一样。他认为，大自然赋予人以形骸，使人在生存中受到劳累，在衰老中逐渐闲适，并用死亡使人安息。所以，如果把人的生存当作好事的，也应该把人的死亡看作是好事。庄子生死观的实质是"死生同于大道"，强调人应该"生而不悦，死而不祸"（《庄子·秋水》），"不乐寿，不哀夭"（《庄子·天地》），忘却生死，尊崇自然，顺应规律。他说："忘己之人，是之谓入于天。"（《庄子·天地》）忘掉自身，就是与天地自然融合在一起，真正同于大道。

庄子认为，在死亡面前，人们不应该表现得很悲伤，应该淡然处之，生亦何欢，死亦何苦？人的生命就如同四季的更替一般，不断循环变化，"无为"是"至乐"的前提条件。庄子的妻子死

---

[1] 王雪军：《庄子人生哲学的大道精神》，《理论探讨》2011年第6期，第67–71页。

了，当好朋友惠子前来吊丧时，发现庄子不仅有任何悲伤，相反，却在那里长歌当哭。惠子看了很生气，便责备庄子。庄子却回答道：在她刚死的时候，我怎么能没有感慨和伤痛呢？然而仔细考察她生命的开始，原本就不曾存在生命；不仅是不存在生命，而且本来就不存在形骸；不仅是不存在形骸，而且原本就不存在元气。在混混沌沌的境遇之中，经过变化才有了元气，元气变化才有了形骸，形骸变化才有了生命。现在，又变化回死亡，这就像春夏秋冬一年四季的变化一样。死去的人安稳地躺卧在天地之间，而我却呜呜地哭着，这是不合自然之道啊，所以停止了哭泣。

庄子认为，人的生命是由气的聚合而形成，气聚则生，气散则死，是一种必然的自然现象。而且，在本质上死亡并不是绝对消亡，而是转化为另一种事物，庄子称这种转化为"物化"。他说："生者死之徒，死者生之始。孰知其纪？人之生，气之聚也。聚则为生，散则为死。若死生之徒，吾又何患？故万物一也，是其所美者为神奇，其所恶者为臭腐。臭腐复化为神奇，神奇复化为臭腐。故曰：'通天下一气耳。'"（《庄子·知北游》）庄子以万物"通天下一气"为基点，强调人完全可以同宇宙这一大生命体融为一体，顺应自然，与时俱化，达到"天人合一"。

庄子旷达的生死观和顺应自然的人生追求为今人树立了良好的典范，庄子不仅帮助人们消解了对死的恐惧和不安，而且告诉了人们如何快乐而自由地生活。人生不可能一帆风顺，总会遇到挫折，因此，人需要一种心理调节机制，以一颗平常心去看待得失成败，力争做到宠辱不惊，去留无意。不求顶天立地，只求问心无愧，同时保持内心那份纯洁与平静。如此，又有什么事情看不开，又有什么能使我们长期焦虑呢？

（2）通达四方、逍遥无为的自由观

庄子自由观的实质是通达四方，逍遥无为。《庄子·逍遥游》

是庄子阐述自由思想的主要篇章,而大鹏鸟形象又是庄子塑造的逍遥自在人生的最好展现。

"北冥有鱼,其名为鲲。鲲之大,不知其几千里也。化而为鸟,其名为鹏。鹏之背,不知其几千里也;怒而飞,其翼若垂天之云。是鸟也,海运则将徙于南冥。南冥者,天池也……鹏之徙于南冥也,水击三千里,抟扶摇而上者九万里,去以六月息者也。"(《逍遥游》)

庄子的"逍遥"除含有自由之意外,还包含有一个重要的、也是最根本的前提条件,即无为。《庄子·天运》:"逍遥,无为也。"

在《庄子·逍遥游》中,庄子以如椽之巨笔,用诗化之语言,描写了大鹏鸟扶摇直上,鹏程万里,无拘无束,何其逍遥自在!这是庄子对自由之向往和对自然之回归思想的真情流露。然而,如何才能实现这样的逍遥呢?庄子指出要顺乎自然。他说:"若夫乘天地之正,而御六气之辩,以游无穷者,彼且恶乎待哉?""乘""御"都指遵循、凭借;"正"指自然的本性、规律;"辩"通"变",乃变化;"六气"指阴、阳、风、雨、晦、明。庄子认为,如果能够遵循自然之规律,掌握"六气"的变化,遨游于无穷无尽的太空,那还会不自由吗?

庄子追求纯粹的精神自由,能够给个人带来超现实的精神安慰,而其社会意义就在于无论面对何种社会境遇,都能保持人格的独立。

(3)无私无欲、恬淡自然的名利观

庄子认为,大道无私无欲,自然生养万物;苍天无私无欲,自然广覆万物;大地无私无欲,自然托载万物。人类应该像大道和天地一样,自然无为,不求私欲,不慕名利。"藏金于山,藏珠于渊,不利货财,不近贵富;不乐寿,不哀夭;不荣通,不丑穷;

不拘一世之利以为己私分，不以王天下为己处显。"（《庄子·天地》）。庄子还说："其嗜欲深者，其天机浅。"（《庄子·大宗师》）意思是人的嗜欲越强烈，自然的本性被改变的就越大，离大道也就越远。

庄子认为，道德修养高尚的人能够达到忘我的境界，精神世界能够超脱物外的人能够不慕功名，思想修养臻于完美的人不看重名誉和地位。他将这三种人分别称为"至人""神人""圣人"，并概括了他们的德行："至人无己，神人无功，圣人无名。"（《庄子·逍遥游》）"至人""神人""圣人"就是庄子所追求的理想人格。

在《庄子·盗跖》中，庄子详细阐述了贪得无厌的害处：富有的人追求美妙动听的音乐，追求肉食、佳酿等美味，因欲望强盛而忘了事业，可以说是迷乱极了；愤懑之气旺盛，像背着重担在山坡上爬行，可以说痛苦极了；贪求财物而招惹怨恨，贪求权位而耗尽心力，可以说是发病了；越贪婪欲望越强盛，财物堆得像高墙一样也不知满足，可以说是羞辱极了；财富囤积而又满腹焦心，可以说是忧愁极了；担心窃贼偷盗自己的财富、杀害自己，因而不敢在外面走，可以说是畏惧极了。等到祸患真的来临，即便想返归贫穷而求得一日之安宁，恐怕也很难实现了。

庄子对名利的淡忘，源自庄子追求大道，崇尚自然。他认为："天无私覆，地无私载。"（《庄子·大宗师》）苍天能够广覆万物，大地能够承载万物，然而天地又都不是为了自己的私欲，天地都能做到如此无私无欲，那么如同大山之中一石子的渺小人类，且"如白驹之过隙"的短暂人生，还要追求什么名利呢？庄子向往自由，崇尚自然，生活达观，追求一种与自然和谐同一的人生境界，这才是最根本的。

庄子对待欲望的观点有助于人们打破精神枷锁，从物质欲望、现实压力和世俗观念的束缚里获得解放。从这一角度来看,庄子的人生哲学思想对当今社会有着积极的意义。人是社会的一部分,人的一切活动必然受到社会条件的制约、社会关系的影响。但是,只要能抵御利益的诱惑,忘却得失荣辱,就能有宽广的胸怀,从而到达逍遥境界。

(4)情形两忘、至乐无乐的情感观

总体来说,庄子认为不合自然本性之情感的出现违背道德要求,会泯灭人类与生俱来的淳朴的德性,因此要求人们忘却这样的情感。他认为,悲哀和欢乐都是背离德行的邪妄做法,喜悦和愤怒都是违反大道的罪过行为,喜好和憎恶是与自然真情相悖的过失。所以,内心不忧不乐,才是德行的最高境界;专一持道而不改变,才是清静无欲的最高境界;不与任何外物相抵触,才是虚寂无为的最高境界;不与任何外物相交往,才是恬淡自然的最高境界;不与任何事物相违逆,才是精神淳朴的最高境界。

在庄子看来,人的亲情也是源于人的自然本性,父母慈爱子女,子女孝顺父母,皆应出自人的自然本性;父母慈爱子女,子女孝顺父母,都不应添加任何主观成分,不应追求任何回报。只要达到了这样的境界,就自然会父慈子孝。

庄子认为逍遥无为方能不为外物所滞,因此认为无为才是最大的快乐。要从偏执中超脱出来,消灭由偏狭的"成心"所造成的世俗的种种是非,达致物我双忘,慧照豁然,绝对无待的宁静意境,以便与"整全大道"相契合。所以庄子最后得出一个结论——至乐无乐,即最大的快乐就是没有快乐。而没有快乐又怎么能成为最大的快乐呢?庄子认为追求快乐并不能获得快乐,而忘却情感、忘却自身、忘却快乐,才能真正地无忧无虑、无喜无怒,才是真正的、最大的快乐。

庄子人生哲学思想是那个特殊时代的产物,是他对人生困境的一种反思和超越。生在乱世的庄子,"表面上他讲了许多漠不关心、无情的话,但实际上却深深地表达出了对生活、生命、感性的依恋和珍惜","他好像看破了人生和生命,但终究是舍不得抛弃它"。庄子的人生哲学并不是为了教导人要直面社会、人生的各种矛盾,而是通过自我心境的修养和改变去应付现实的人生。

有人认为庄子的人生哲学是身处逆境的良药,当人生不如意之时需要庄子的哲学聊以慰藉。这种观点固然有道理,但尚不全面。庄子不仅告诉人们失意时应该有怎样的精神境界,更为重要的是在出发之前就告诉了人们应该走怎样的路。庄子并非要人们闭上眼睛而无视现实,也不是要人们自甘堕落而浑浑噩噩,而是鼓励人们勇敢地睁开眼睛,坚强地承受现实,认真地对待自己,更好地面对生活。在追求中华民族的伟大复兴,倡导社会和谐发展的当代社会,汲取庄子人生哲学的营养,运用庄子逍遥的精神境界去解决我们精神上的困惑,达致宠辱不惊,气定神闲,悠然自得。

思考与讨论

1. 试比较庄子与老子人生哲学的异同。
2. 请联系实际,谈谈老庄人生哲学的当代意义。
3. 庄子曾说"相濡以沫,不如相忘于江湖"。请问你如何理解和评价这句话?

第八章 伊壁鸠鲁的人生哲学

伊壁鸠鲁,公元前341—前270年,古希腊哲学家、无神论者,其学说的宗旨就是要达到不受干扰的宁静状态。从古希腊到古罗马,伊壁鸠鲁的思想一直以一种类似宗教教义的方式在伊壁鸠鲁学派的门徒中传播,直到公元四世纪由于基督教被广泛接受而消失。文艺复兴以后,伊壁鸠鲁的思想逐渐为大批哲学家和科学家所看重,并对其思想进行了重新解读。其中,英国功利主义学派和18世纪法国"百科全书"学派都受到了伊壁鸠鲁德性论、快乐论、契约论思想的影响。马克思的博士论文就是《德谟克利特的自然哲学和伊壁鸠鲁自然哲学的差别》,马克思对伊壁鸠鲁给予了高度评价,认同并部分吸收了伊壁鸠鲁的思想观点。

一、伊壁鸠鲁的生平

伊壁鸠鲁出生于靠近小亚细亚西岸、四季常青的萨摩斯岛。父母是移民到萨摩斯的雅典公民。十四岁开始学习哲学,曾就学于柏拉图学派和德谟克利特学派。曾在雅典接受军事训练两年。

公元前306年到雅典,在他自己买的一所花园里办学,由此伊壁鸠鲁学派也称花园学派。伊壁鸠鲁的学校里有男有女,还有奴隶,以充满友谊而著称。

伊壁鸠鲁身处希腊刚沦亡于马其顿的乱世,社会动荡不安,人们普遍过着颠沛流离的生活。脱离痛苦的外界生活转向隐匿的内心生活,在心灵里寻求安宁和幸福,成为当时的一种很有影响的社会思潮。

哲学家的任务主要是向每个人提供如何治理自己，掌握自己命运的原则和忠告。伊壁鸠鲁继承、修正和发展了德谟克利特的哲学，建立起一个思想上统一的完整体系。

据说他写了三百部书，题材无所不包：《论情爱》《论音乐》《论公平交易》《论人生》，以及《论自然》。几个世纪以来由于一连串的灾难，几乎全部散失，他的哲学思想只能根据幸存的断篇残帙，加上后来的伊壁鸠鲁信徒的证言重新建立起来。

二、伊壁鸠鲁的哲学观

伊壁鸠鲁成功地发展了阿瑞斯提普斯（Aristippus）的享乐主义，并将之与德谟克利特的原子论结合起来。在中世纪，伊壁鸠鲁成了不信上帝、不信天命、不信灵魂不死的同义语。

阿瑞斯提普斯是苏格拉底的学生，但拥有与之不同的哲学见解。苏格拉底说："这个世界上有两种人，一种是快乐的猪，一种是痛苦的人。做痛苦的人，不做快乐的猪。""人们只有摆脱物欲的诱惑和后天经验的局限，获得概念的知识，才会有智慧、勇敢、节制和正义等美德。"阿瑞斯提普斯的观点不同于他的老师，他认为人生的目标就是通过适当的方法使自身适应环境，从而获得快乐而不是痛苦。有一次，阿瑞斯提普斯坐上了一条贼船。他一看有可能被绑票，于是不动声色，拿着钱一五一十地数，然后装着不小心，把钱全部撒到大海里，然后他大哭起来！船上的贼人也大哭起来，反正钱也没有了，就放了他。阿瑞斯提普斯捡了一条命，他对人说："人不能因为钱而死，钱可以为人而消失。"

德谟克利特，古希腊哲学家，他认为，万物的本原是原子和虚空。原子是不可再分的物质微粒，虚空是原子运动的场所。人们的认识是从事物中流射出来的原子作用于人们的感官与心灵而产生的"影像"。在伦理观上，他强调幸福论，主张道德的标准就是快乐和幸福。德谟克利特勤奋好学，为了追求真理，追求智慧，他决定外出游学。他带着分来的祖上家产，漫游了希腊各地，后又到埃及、巴比伦、印度等地游历，前后长达十几年。最后回到了他的家乡——是古希腊属地的阿布德拉。不久，他摊上了官司，被控告"挥霍财产罪"。经常外出旅行，不务正业，好好的园子变成了杂草丛生的荒地。根据该城的法律，犯了这种罪的人，要被剥夺一切权利并被驱逐出城外。在法庭上，他为自己做了辩护："在我同辈的人当中，我漫游了地球的绝大部分，我听见了最多的有学问的人的讲演；在我同辈的人当中，勾画几何图形并加以证明，没有人能超得过我。"他在庭上当众朗读了他的名著——《宇宙大系统》。他的学识和他的雄辩取得了完全的胜利，法庭不但判他无罪，还给予他高额的奖赏，奖励他的卓越成就与贡献。

在阿瑞斯提普斯享乐主义与德谟克利特原子论的基础之上，伊壁鸠鲁提出自己的哲学观：

（1）哲学乃是一种追求幸福生活的实践体系；它只需要常识而不需要逻辑或数学或任何柏拉图所拟定的精细的训练。

（2）感觉是唯一自明的东西，不需证明其正当性。

（3）社会无非是一个个的原子式的个体组成。他不能在这样的社会中寻找到生存的意义。他将一切都还原到生命个体，用生命存在的快乐来衡量一切。

从马克思主义历史唯物主义的角度来看，人的本质属性就是实践基础上一切社会关系的总合，真正的自由、幸福也只有通过在共同体中以积极的社会实践来实现。而伊壁鸠鲁这种远离政治以求得个体自由与幸福的思想有内在的局限性。

拓展阅读：柏拉图的哲学观

柏拉图出身于雅典贵族，青年时师从苏格拉底。柏拉图认为世界由"理念世界"和"现象世界"所组成。柏拉图认为人的一切知识都是由天赋而来，它以潜在的方式存在于人的灵魂之中。

感觉的作用只限于现象的理解，并不能成为获得理念的工具，关于理性的知识唯有凭借反思、沉思才能真正融会贯通，达到举一反三。而只有接受精细的训练，才能获得"反思"（reflection）和"沉思"（contemplation）的能力。

柏拉图还试图建立理想国，设计了一幅正义之邦的图景，柏拉图认为国家起源于劳动分工，因而他将理想国中的公民分为治国者、武士、劳动者3个等级，分别代表智慧、勇敢和节制3种品性。3个等级各司其职，各安其位。

显然，伊壁鸠鲁对于社会的认识不同于柏拉图。伊壁鸠鲁认为社会无非是一个个的原子式的个体组成。他不能在这样的社会中寻找到生存的意义。为什么伊壁鸠鲁会这样想呢？伊壁鸠鲁身处希腊刚沦亡于马其顿的乱世，社会动荡不安，人们普遍过着颠沛流离的生活。柏拉图的理想国在伊壁鸠鲁心目中已经破灭了，哲学家的任务主要是向每个人提供如何治理自己，掌握自己命运的原则和忠告。正所谓"哲学家是时代的医生"，苏格拉底由于目睹希腊由盛变衰，把哲学由天上拉到人间；伊壁鸠鲁看到人们过着颠沛流离的生活，于是寻求为生民安身立命的伦理原则。

（摘编自侯典芹：《论柏拉图"理想国"的政治哲学》，《济南大学学报（社会科学版）》2014年第2期，第54-58页）

三、伊壁鸠鲁的快乐主义

1.伊壁鸠鲁的快乐主义基本思想

伊壁鸠鲁认为，人是以个人快乐为准则的生物，快乐是生活的目的，是天生的最高的善。德性与快乐生活自然相联，快乐生活与德性不可分离。若不谨慎、光荣和公正地生活，便不能快乐地生活；若不快乐地生活，便不能谨慎、光荣和公正地生活。当身体处于平衡状态的时候，就没有痛苦；所以我们应该追求平衡，追求安宁的快乐而不追求激烈的欢乐。

伊壁鸠鲁指出：快乐并不是放荡的快乐，也不是感官的享受，而是身体免于痛苦、灵魂归于平静的自由。无论是合法的激情还是非法的放纵，抑或是餐桌上的欢乐，都不能使生活幸福。只有清醒的头脑才能区分行动和不行动的动机，战胜一时的虚幻欲望。只有这样，美德的必要性才能在伊壁鸠鲁的快乐主义中得到确立。

伊壁鸠鲁认为德性的目的就是快乐，德性的目的就是在必要需求得到满足的基础上，通过理智的审慎克制不自然的欲望和情绪，从而使身体免遭不自然欲望的伤害，也避免了负面情绪所带来的诸多烦恼，并且理智通过明智消除对神灵等未知事物的恐惧与担忧，从而带来了真正的快乐与幸福，也就是说伊壁鸠鲁所认为的德性的目的正是身体的健康与心灵的无烦恼，是趋乐避苦的本性与审慎的相互统一。

2. 快乐不等于享乐

伊壁鸠鲁虽然把快乐与幸福相等同，但却坚决反对把快乐与享乐相等同。伊壁鸠鲁认为，与人们的欲望相联系，人们的快乐也就有三种类型：第一类欲望是自然的和必要的，如生活中饿了要吃饭，渴了要喝水，这类欲望的满足就能产生根本上的快乐。第二类欲望是自然的，但却并不是必要的，如对性欲的需要，或者奢侈的宴饮，这类欲望的满足同样体现为快乐，但却不能增加新的快乐。第三类欲望是既不属于自然的也不属于必要的欲望，如虚荣心、权力欲、占有欲的满足，同样可以给人带来快乐。我们追求和选择的快乐只能是对"自然和必要的"欲望的满足，而那种虽然是自然但却不是必要的以及那种既非自然又非必要的欲望，需要我们节制与抛弃。

伊壁鸠鲁快乐主义的要领在于：（1）不能把快乐仅仅归于感性的肉体快乐，而是把它区分为自然的和非自然的，认为前者是适度的、健康的，后者是过度的、令人厌恶的。（2）感性快乐是基础，但精神的快乐高于感性的快乐。这种快乐就是"肉体的无痛苦和灵魂的无纷扰"，亦即"不动心"的至善状态。（3）在追求短暂快乐的同时，也必须考虑是否可能获得更大、更持久、更强烈的快乐。（4）肉体的快乐大部分是强加于我们的，而精神的快乐则可以被我们所支配。（5）对欲望的节制并不代表伊壁鸠鲁排斥欲望，他只是告诫人们不要沉湎于欲望，人们应该主宰快乐，不是为了快乐而变成欲望的奴隶。

3. 获得快乐的途径与手段

伊壁鸠鲁认为，灵魂的安宁是人生最大的快乐。用什么方法能将灵魂从不安宁的状态中拯救出来呢？他提出了两大命题作为达到快乐的手段，即理性方式和友谊。

第一，人应该通过理性方式获得快乐。伊壁鸠鲁很重视理性的作用，认为理性给了我们一切取舍的理由和最大福利。它能使人正确认识宇宙和人生，消除神、死、欲望在灵魂中造成的纷扰。人应该用理性指导自己的行动，审慎地做出选择。具体而言，在物质上要讲究知足。只要内心知足，就会使灵魂宁静，就可以体会到一种独特的快乐；反之，则欲望有增无减，最后必然是不幸的。这正如他自己所说的那样，人的感观快乐源自欲望的满足，但并非一切欲望都是自然的，更不意味着一切欲望都该满足，如何恰到好处地取舍各种欲望，这就须用理性加以辨别。在精神上，伊壁鸠鲁认为只有遵循理性的指导，心灵才会无痛苦和无纷扰。最大的善乃是明智，明智是众善之源，与人为善，与己幸福。

在人生道路上,伊壁鸠鲁认为,实现人生快乐,仍需理性指导,理性不仅使我们感受到目前的快乐,还可以使我们思议未来的快乐。他认为人既不要做必然命运的奴隶,也不要迷信机遇,而应在理性指导下,自由选择自己的人生,这样才能使自己过上幸福愉快的生活。伊壁鸠鲁没有华屋美舍,饮食也非常简单。伊壁鸠鲁喝水而不喝酒,一顿饭有面包、蔬菜和一把橄榄就满足了。

第二,友谊是长久快乐的保证。伊壁鸠鲁特别注重友谊,因为友谊给人安全感,是长久快乐的可靠保障。快乐不是个人孤独的感受,而是被友谊集体化了的社会情操。在确保终身幸福的所有努力中,最重要的是结识朋友。

"友谊"出自个人意愿,是人与人之间一种自由平等关系,他认为在理智提供给人的一切幸福之中,以获得友谊为最重要。只有与他人友好相处,才能增进心灵的宁静和自身的快乐,没有朋友则会很孤独,会为危险围困。伊壁鸠鲁说,如果我们只有钱而没有朋友、自由以及经过剖析的生活,就绝不可能真正快乐。而如果我们有了这样,只缺财富,就绝不会不快乐。

那么,怎样寻求和维系友谊呢?他提出了"公正"原则。所谓公正就是人们在交往中为了防止彼此的伤害而订立的约定,其实质是一种互利的契约。人们聚集一起,组成社会,只要每个人心存公正、公道办事、公平待人,就能免除纷争,安抚心灵,达到快乐的目的。相反,如不能主持公正,则终将受到惩罚,畏惧随之而来,于人于己无快乐可言。正如他所言,公正的人心如止水,不公正的人惶惑不安。在伊壁鸠鲁看来,公正以及以此原则建立的友谊也如他所认为的其他美德一样,都是获得快乐的工具:人不做坏事,为的是获得快乐;做了坏事,内心不安,心灵就不"宁静",不快乐了。

拓展阅读：蒙田谈友谊

蒙田是16世纪后期法国著名的人文主义思想家、散文作家、经验主义伦理学先驱。他善于从人们的生活经验出发，运用散文的细腻笔触阐发对自然、社会和人生中诸多现象的感悟。《随笔集》是他的主要著作，共3卷107章，其中第1卷第28章《论友谊》是专门探讨友谊范畴的作品，在这里，蒙田对友谊问题进行了多方面阐述。

蒙田在文中谈论的是一种完美无缺、举世罕见的人生友谊典范——崇高友谊，这种崇高友谊完全排斥世俗功利目的，是唯一真正的友谊，它具有如下特点：

第一，它是两个自由意志的完美结合。崇高友谊摆脱自然法则和社会义务的束缚，是两颗友好心灵的接近、碰撞。

第二，它是超越血缘的兄弟般情谊，将双方融为一体。崇高的友谊是两个躯体共有一个灵魂，一方的存在便是另一方的存在，失去了对方便失去了自我。

第三，它在双方相互砥砺中变得丰富和伟大。蒙田认为，真正的友谊能够经得起岁月的考验，并且在彼此的辩论、争执中成长壮大起来。

蒙田高度评价了崇高友谊的作用，他说，崇高友谊是伟大神圣的，其双臂之长可以使身在天涯的两个人相互支撑并结合起来，它可以担当起朋友的重托，激发人们无私奉献的精神，它有助于消除自私、冷漠与偏见，架起人们之间真诚合作的桥梁，它是人性完美的表现，能够使人获得快乐和幸福。

（摘编自程立涛：《蒙田论友谊》，《石家庄师范专科学校学报》2001年第3期，第4—6页）

4.伊壁鸠鲁快乐主义的当代启示

伊壁鸠鲁的快乐主义主张拥有节制、理智、淡泊的品格，它会使人达到一种身心平衡、怡然自得的理想中的快乐境界。伊壁鸠鲁对快乐哲学意义的定位，在现今社会依然对人类有很大的启示和治愈作用。

现代人把对快乐的追求当成了享乐主义的拥趸者，误以为不停地满足自己日益膨胀的物质需求，便可以满足精神上的欲望，即获得身心的快乐。于是，当人们满足了生存基本需求的物质之后，就开始迷失在消遣、酗酒、赌博、吸毒等一系列行为当中，不再关注身体的健康、家庭的责任、良好的品德与修养，这导致社会出现奢靡、贪腐、欺骗、造假、低俗等一系列现象。人们贴上"快乐"的标签，过着自私、麻木、丑陋、扭曲的生活，实则并没有感到真正的快乐，相反却产生无聊、无趣、颓废、抑郁的消极情绪。伊壁鸠鲁主张追求宁静致远式的快乐，这类似于当前提倡的极简主义生活方式，非常有助于帮助大学生树立正确的消费观。

伊壁鸠鲁认为，最自然的快乐是像婴儿的快乐一般，快乐的本身不应该复杂，这种欲望不高的需求是人们都可以实现的快乐。伊壁鸠鲁主张人们应该学习哲学，过一种沉思的生活，感受快乐带给身心的幸福感。无论青年人还是老年人，都应当学习哲学。学习能提高自身的修养，使人们变得成熟和睿智，从而引领人们善用理性的思维获得内心的宁静与人生的快乐。伊壁鸠鲁的快乐就是在和学生们讨论哲学时，用内心丰盈的喜悦来抗衡身体病痛的折磨，即便在面对死亡时还能保持幸福，这就是哲学带来的"善意"。

四、伊壁鸠鲁论生死

伊壁鸠鲁斥责对神的崇拜和迷信,蔑视命运,强调事在人为。死亡与人生不相干,人应当通过哲学认识自然和人生,用理性规划自己的生活。贤者对待生死应该处之泰然,不但快乐地活着,而且活得光明正大,这就需要明智、知足,克己节制、修习磨炼和广泛交友,这才是理想的生活方式。

1. 伊壁鸠鲁论灵魂

伊壁鸠鲁认为,必须终结希腊古典时期以来以苏格拉底、柏拉图和亚里士多德为代表所主张的灵魂与身体关系的二元论,用灵魂与身体关系是一元的,即灵体合一,来重新阐释灵魂。剔除有关灵魂的一切神秘主义以及命运必然性的束缚,从种种恐惧与烦扰中解脱出来,实现灵魂宁静无扰,回归幸福生活。

他如是解说灵魂:(1)灵魂是十分精细的物质。(2)灵魂不能独立于身体存在。(3)灵魂不是无形物。伊壁鸠鲁认为我们的身体是原子的集合,作为身体一部分的灵魂自然也由原子构成。他将死亡定义为"作为整体的原子集合的消散"。在那个时候,"灵魂消散,不再拥有它以前的力量,也不能再运动,因此它也不再有感觉"。

伊壁鸠鲁把消除世人对死亡的恐惧当作自己伦理学说的重心。他们将幸福生活等同于精神与肉体俱无痛苦。精神痛苦主要有两类:焦虑与恐惧。而这两种痛苦的根源在于民间宗教的种种说法以及对死亡的恐惧。在伊壁鸠鲁看来,对死后地狱的恐惧是大多数俗世之人的恐惧,也是最容易克服的恐惧。神明高居天宇,远离芸芸众生,他们是最高"宁静"的典范,决不会介入人类事务。那些关于地狱酷刑的种种传说倘若不是各种"伪宗教"居心叵测的伎俩，就是诗人蛊惑人心的谎言。

2、与其他哲学家死亡观的对比

苏格拉底是承认有灵魂的，他说：我去死，你们去活，究竟谁过得更幸福，唯有神知道。苏格拉底临终前，安慰朋友们：你们所埋葬的只是我的躯体，今后你们当一如往昔，按照你们认为所知最善的方式去生活。

斯宾诺莎认为，自由人，亦即依理性的指导而生活的人，他的智慧乃是生的沉思，而不是死的默念。孔子亦曾说"未知生，焉知死""生死有命，富贵在天""朝闻道，夕死可矣"。

庄子秉持齐生死，相对主义的生死观。生与死本是道的变化形态，本无区别。生死相依，了然于世。庄子说："方生方死，方死方生。"（《庄子·齐物论》）"生也死之徒，死也生之始"，"人之生，气之聚也。聚则为生，散则为死。若死生为徒，吾又何患！故万物一也。"（《庄子·知北游》）庄子的生命哲学奠基于道的高度，洞悉生命本源，生不可乐，死不必悲。"齐生死"才是题中应有之义。从而就有了庄子面对妻子之死鼓盆而歌的从容和旷达。

海德格尔认为，死比生更根本，无比有更根本，只有以死亡和虚无为根本的背景，才能阐明人生的哲学问题。"死是此在的最本己的可能性"。"为死而在"，向死而生。死亡虽然是生存的毁灭可能性，并因而是生存的敌人，但它本身又是生存"与生俱来"的一个组成部分，死亡意识具有唤醒沉睡人生的独特作用，正视死亡是人摆脱所谓"非本真生存"走向"本真生存"的最佳途径。

伊壁鸠鲁认为明智的贤人应该坦然面对生死，既不惧怕死亡，也不厌恶生存。他一生都在践行他的主张，临死前仍然淡定和从容。他提醒人们不要盲目地追求死亡，要用理智来看待生活，消除那些对灵魂造成纷扰的想法和事情。伊壁鸠鲁的健康状况一直都不好，常年遭受疾病的折磨，甚至晚年时有很多年都不能站起来。伊壁鸠鲁在临终书信里写道："结石症和胃病一直折磨着我，它们的痛苦大得无以复加。"但疾病的折磨丝毫没有削减他的快乐，伊壁鸠鲁用哲学的沉思和极大的勇气去承担和面对疾病所带来的痛苦。

公元前270年伊壁鸠鲁逝世，他对待死亡的态度平静从容，纵使身体承受巨大的病痛，在去世之前，他仍然洗了个澡，喝了杯酒，劝解身边的学生们不必伤心难过，叮嘱学生们要记住他的嘱托，要继续关心哲学的善意。从伊壁鸠鲁的死亡哲学中，我们可以看到，理智的思想，精神上的快乐对我们的重要性，任何时候我们都需要保持自我。在死亡未到来时好好地生活，在死亡到来时不惧，这就是我们要从他的哲学中汲取的时代价值。

五、伊壁鸠鲁的契约论

西方社会契约思想可以追溯到古希腊时期的智者学派，但在伊壁鸠鲁那里才第一次得到了较为系统的理论阐述。伊壁鸠鲁把生活的一切都还原为个人的具体的感性目的，反对宿命论，主张快乐的灵魂无纷扰状态。而国家则是建立在追求快乐的基础之上，建立国家是为了保障人们的安全，避免彼此间的伤害和痛苦，从根本而言是人们相互之间妥协的产物。

首先，伊壁鸠鲁是一位原子唯物主义者，他将人看作原子式的个体存在，一方面原子有形状、占有空间以及不可分，另一方面原子间相互平等没有隶属关系，并且在运动中的"机遇"一样。人与原子类似，也就有了作为个体的人之间的平等。

其次，伊壁鸠鲁认为正义在于约定，而不在于自然的、本性上的正义，如他所说："没有自在的正义（绝对的正义），有的只是在人们的相互交往中在某个地方、某个时候就互不侵犯而订立的协议。"而且"对那些无法就彼此互不伤害而相互订立契约的动物来说，无所谓正义与不正义。同样，对于那些不能或不愿就彼此互不伤害订立契约的民族来说，情况也是如此。"此前，柏拉图将人的灵魂分为三个部分：理智、激情和欲望，在他看来，当理性、激情和欲望在各自的范围内发挥好作用，理智主宰激情和欲望，才是一个节制的、协调的、和谐的灵魂，这样的灵魂才算得上正义的，这种存在于人自身内的"人的自然构成的等级秩序"，表明了其所持的一种自然正义观。柏拉图在理想国中将人们按理智、激情和欲望划分为三类，于是代表着理智的统治者阶层统治着代表着激情的护卫阶层以及代表欲望的劳工阶层就是一种自然而然的"正义"。

总之，正义是规定一种彼此互不伤害的平等状态，这种平等状态不是自然而然的、由宇宙秩序规定的，而是需要原子式的个人进行主动的决定。伊壁鸠鲁的社会契约思想。认为社会与国家不是出于神意与天命，而是以自然人为基础、在以契约保障安全与协调人们的利益关系中自然形成的。这在当时是杰出的启蒙思想，对西方近代启蒙思想中生成系统的社会契约有一定的启迪和影响。

【思考与讨论】
1. 请谈谈你对伊壁鸠鲁快乐主义的理解与认识。
2. 请谈谈伊壁鸠鲁的生死观对于你的启示。

第九章　卢梭的人生哲学思想

让-雅克·卢梭（Jean-Jacques Rousseau，1712年6月28日—1778年7月2日），法国18世纪启蒙思想家、哲学家、教育家、文学家，民主政论家和浪漫主义文学流派的开创者，启蒙运动代表人物之一。主要著作有《论人类不平等的起源和基础》《社会契约论》《爱弥儿》《忏悔录》《新爱洛伊丝》《植物学通信》等。

在哲学上，卢梭主张感觉是认识的来源，坚持"自然神论"的观点；强调人性本善，信仰高于理性。在社会观上，卢梭坚持社会契约论，主张建立资产阶级的"理性王国"；主张自由、平等，反对大私有制及其压迫；认为人类不平等的根源是财产的私有，但不主张废除私有制；提出"天赋人权说"，反对专制、暴政。在教育上，他主张教育目的在于培养自然人；反对封建教育戕害、轻视儿童，要求提高儿童在教育中的地位；主张改革教育内容和方法，顺应儿童的本性，让他们的身心自由发展，反映了资产阶级和广大劳动人民从封建专制主义下解放出来的要求。

一、卢梭生平

让-雅克·卢梭1712年出生于瑞士日内瓦的一个钟表匠家庭。祖上是从法国流亡到瑞士的新教徒，母亲聪明美丽，是贝纳尔牧师的女儿，家境比较富裕，卢梭的出生让她的母亲付出了生命。卢梭在后来的《忏悔录》中写道：每次爸爸对我说"让·雅克，我们谈谈你妈妈吧"，我便跟他说"好吧，爸爸，我们又要哭一场了"。这一句话就使他流下泪来。接着他便哽咽着说："唉！

你把她还给我吧！安慰安慰我，让我能够减轻失掉她的痛苦吧！你把她在我心里留下的空虚填补上吧！孩子！若不是因为你是你那死去的妈妈生的孩子，我能这样疼你吗？"

1722年，卢梭的父亲和人发生纠纷，逃往里昂避难。卢梭寄居舅舅家，后与表兄前往包塞，寄宿在郎拜尔西埃牧师家，学习古典语文、绘图、数学。

1724年，与表兄回到日内瓦舅舅家。1725年，在马斯隆先生处打杂。在雕刻匠杜康曼处当学徒，养成偷窃的恶习，阅读大量杂乱的书籍。1728年从雕刻匠家逃跑，漫游数日，在安纳西结识华伦夫人。

1750年，应征论文《论科学与艺术》获第戎学院奖金，卢梭声名鹊起。1753年，到圣日耳曼短期旅行，为应征第戎学院征文而写《论人类不平等的起源和基础》。

1754年，与果佛古尔、瓦瑟去日内瓦。受到日内瓦各界人士的热烈欢迎，恢复日内瓦公民权，重皈新教。起草《政治制度论》，后选取其中一部分出版为《社会契约论》。

1761年，《新爱洛伊丝》出版，受到女性读者的热捧。1762年，因出版《爱弥儿》，法国法院对卢梭发出逮捕令，查禁他的书。之后长达八年的时间，卢梭一直在逃难。在各种迫害、谴责甚至是密探的监视下生活，卢梭变得敏感多疑，以致后来不断怀疑身边的人要谋害他。

1766年，在大卫·休谟的带领下，与瓦瑟前往英国休谟家避难，后与大卫·休谟发生冲突。后前往英国武通。编写《植物学术语词典》，写作《忏悔录》第一卷。

1768年，与瓦瑟正式结婚。到格勒诺布尔进行植物学考察，和植物学家通信。以抄写乐谱为生。

1776年，完成《对话录》。1777年，健康恶化，停止抄写乐谱，生计困难。1778年病逝于爱隆美尔镇，葬于爱隆美尔镇，1794年灵柩迁往巴黎先贤祠。

1778年卢梭病逝于爱隆美尔镇，葬于爱隆美尔镇，1794年灵柩迁往巴黎先贤祠。

拓展阅读：卢梭《忏悔录》节选

我现在要做一项既无先例、将来也不会有人仿效的艰巨工作。我要把一个人的真实面目赤裸裸地揭露在世人面前。这个人就是我。

只有我是这样的人。我深知自己的内心，也了解别人。我生来便和我所见到的任何人都不同；甚至于我敢自信全世界也找不到一个生来像我这样的人。虽然我不比别人好，至少和他们不一样。大自然塑造了我，然后把模子打碎了，打碎了模子究竟好不好，只有读了我这本书以后才能评定。

不管末日审判的号角什么时候吹响，我都敢拿着这本书走到至高无上的审判者面前，果敢地大声说："请看！这就是我所做过的，这就是我所想过的，我当时就是那样的人。不论善和恶，我都同样坦率地写了出来。我既没有隐瞒丝毫坏事，也没有增添任何好事；假如在某些地方作了一些无关紧要的修饰，那也只是用来填补我记性不好而留下的空白。其中可能把自己以为是真的东西当真的说了，但绝没有把明知是假的硬说成真的。当时我是什么样的人，我就写成什么样的人：当时我是卑鄙龌龊的，就写我的卑鄙龌龊；当时我是善良忠厚、道德高尚的，就写我的善良忠厚和道德高尚。万能的上帝啊！我的内心完全暴露出来了，和你亲自看到的完全一样，请你把那无数的众生叫到我跟前来！让他们听听我的忏悔，让他们为我的种种堕落而叹息，让他们为我的种种恶行而羞愧。然后，让他们每一个人在您的宝座前面，同样真诚地披露自己的心灵,看看有谁敢于对您说'我比这个人好!'"

我于一七一二年生于日内瓦,父亲是公民伊萨克·卢梭,母亲是女公民苏萨娜·贝纳尔。祖父留下的财产本来就很微薄,由十五个子女平分,分到我父亲名下的那一份简直就等于零了。全家就靠他当钟表匠来糊口。我父亲在这一行里倒真是个能手。我母亲是贝纳尔牧师的女儿,家境比较富裕;她聪明美丽,我父亲得以和她结婚,很费了一番苦心。他们两人的相爱,差不多从生下来就开始了:八九岁时候,每天傍晚他们就一起在特莱依广场上玩耍;到了十岁,已经是难舍难分了。两人心心相印和相互同情,巩固了他们从习惯中成长起来的感情。两人秉性温柔和善感,都在等待时机在对方的心里找到同样的心情,而且宁可说,这种时机也在等待着他们。因此两个人都心照不宣,谁也不肯首先倾吐衷肠:她等着他,他等着她。命运好像在阻挠他们的热恋,结果反使他们的爱情更热烈了。这位多情的少年,由于情人到不了手,愁苦万分,形容憔悴。她劝他去旅行,好把她忘掉。他旅行去了,但是毫未收效,回来后爱情反而更热烈了。他心爱的人呢,还是那么忠诚和温柔。经过这次波折以后,他们只有终身相爱了。他们海誓山盟,上天也赞许了他们的誓约。

我父亲不在家期间,我母亲的美丽、聪慧和才华给她招来了许多向她献殷勤的男人。其中表现得最热烈的要算法国公使克洛苏尔先生。他当时的感情一定是非常强烈的,因为在三十年后,他向我谈起我母亲的时候还十分动情呢。但是我母亲的品德是能够抵御这些诱惑的,因为她非常爱她的丈夫,她催他赶紧回来。他急忙放下一切就回来了。我就是父亲这次回家的不幸的果实。十个月后生下了我这个孱弱多病的孩子。我的出生使母亲付出了生命,我的出生也是我无数不幸中的第一个不幸。

我不知道父亲当时是怎样忍受这种丧偶的悲痛的,我只知道他的悲痛一直没有减轻。他觉得在我身上可以重新看到自己妻子的音容相貌,同时他又不能忘记是我害得他失去了她的。每当他拥抱我的时候,我总是在他的叹息中,在他那痉挛的紧紧拥抱中决定和创造的。经验之外的自然只是一种无理性的存在,它,感到他的抚爱夹杂着一种辛酸的遗恨:唯其如此,他的抚爱就更为深挚。每次他对我说:"让-雅克,我们谈谈你妈妈吧",我便跟他说:"好吧,爸爸,我们又要哭一场了。"这一句话就使他流下泪来。接着他便哽咽着说:"唉!你把她还给我吧!安慰安慰我,让我能够减轻失掉她的痛苦吧!你把她在我心里留下的空虚填补上吧!孩子!若不是因为你是你那死去的妈妈生的孩子,我能这样疼你吗?"母亲逝世四十年后,我父亲死在第二个妻子的怀抱里,但是嘴里却始终叫着前妻的名字,心里留着前妻的形象。

赐给我生命的就是这样两个人。上天赋予他们的种种品德中,他们遗留给我的只有一颗多情的心。但,这颗多情的心,对他们来说是幸福的源泉,对我来说却是我一生不幸的根源。

(出自卢梭《忏悔录》)

二、人类不平等的起源和基础

《论人类不平等的起源和基础》是卢梭应法国第戎科学院的征文而写的论文。文中提出了私有制的出现是人类不平等的起源这一思想。

我们通常认为,人类是越来越文明的,人类的文明程度是越来越高的,当然也是越来越平等的。相反,我们通常会认为,原始社会是充满了血腥和暴力,适者生存、弱肉强食,是极其野蛮和不平等的。而人类社会从游牧民族进入农耕文明、再从农耕文明进入工业文明，人类逐步脱离自然选择的困境，从野蛮走向文明。

正好相反，卢梭认为，在自然状态下的"野蛮人"，他们没有语言、没有阶级、没有欲望，也没有欲望和嫉妒等人性的丑恶，也没有贫富差距和残酷的战争，但在那个时代人类是平等和自由的。正是人类文明的进步，才导致了人类的不平等。

为什么卢梭会有这么反直觉的观点呢？卢梭认为，人类主要存在两种不平等：第一种，我们称之为自然的或是生理的不平等，这种不平等是由自然造成的，主要体现在年龄、健康、体力、智力以及天性等方面，有的人年轻，有的人年老，年轻人比年老的人更有力量；有的人天生心理素质好，积极乐观，而有的人天生消极悲观等，总之，这是人类在自然的或者生理上的不平等，或者说是一种先天的不平等。第二种，我们称之为伦理的或者说政治上的不平等，这是一种后天社会环境造成的不平等。比如有的人出生高贵，有的人出生贫贱；有的人出生在富有的家庭，有的人出生在贫穷的家庭。导致了在财富分配、权力上的不平等，这种不平等主要体现在少数人通过损害他人利益而享有的各种特权，例如更加富有、更加尊贵、更加强大，或者甚至让他人臣服等等。卢梭指出，相较于先天的、生理上的、自然的不平等，这种后天的、社会环境造成的，在伦理上或者精神上的不平等，才是真正的不平等。那这种不平等是如何造成的呢？

卢梭认为，人类不平等的发展主要经历了三个阶段：

第一阶段是私有财产的产生，出现了富人和穷人的不平等。卢梭指出在原始的自然状态下，人与人之间的差别很小，主要来自生理上的差异。而人类真正不平等的开始，关键在于私有财产的建立。他说："第一个人圈起一块地说'这是我的'，而周围那些单纯的人居然相信他的话，这个人就是文明社会的创始者。私有财产一旦出现，平等就不见了，森林就变成聪明人的土地，奴役与不幸伴随着农作而产生，富者的霸占、贫者的抢夺以及两者之间毫无限制的激情，压制了自然情感的哭泣以及虚弱的正义之声，然后让人充满了贪婪、野心与罪恶。"所以，私有财产的产生，导致了贫富差距，以及穷人和富人之间的不平等。

第二阶段是通过契约建立权力的机构，确认强者对弱者的统治，产生压迫者和被压迫者之间的不平等。在第一阶段，产生了穷人和富人的不平等，人类财产的不平等。财产的不平等带来了两个结果，第一个打开了人性中的嫉妒、贪婪、欺骗等人性的罪恶一面；第二个是拥有私人财产的这部分人，逐渐成为统治者，尤其是私有土地出现后，统治者就是地主，其他人都是奴隶。富人为了保护自己的私有财产，与穷人设立了社会契约，通过社会契约建立了权力机构，以进一步保障他们的私人财富不受侵犯。

第三阶段是政府权力的集权和腐化，逐渐演变成为专制独裁统治，集权主义导致了人们变成了奴隶，统治者变成了主人，出现主人和奴隶之间的不平等，这是最大限度的不平等。卢梭指出，专制制度的建立使社会不平等达到了顶点，得出了"绞死或废黜"暴君乃是"合法的行为"的革命结论，并且主张用暴力推翻专制权力，重新订立契约，恢复平等。

三、社会契约思想

作为坚定的民主主义者，卢梭始终坚持从"只有人民才享有全部至高无上的权力"的主题而展开，阐述了社会契约理论。虽然包含着许多假设的成分，但是从当前政府、社会与市民的关系梳理和调整来看，社会契约论仍然是政治共同体来源和合法性的主流理论，蕴涵了人类长期的价值构建和对理想的热情追求。

1、卢梭眼中的自然状态

卢梭认为，在自然状态中人与人之间是没有任何奴役与被奴役的关系的，人与人之间是自由平等的。生活在自然状态中的人们没有任何道德上的关系，人与人之间没有善与恶的区分，但人们具有一种天然的怜悯之心。在自然状态中，人们首先关注的是自己的生命和生存，人类行为的唯一动机乃是对幸福的追求。卢梭认为自然状态中的人们处于一种相对和平的环境当中。因为人们天然地具有同情与怜悯之心，这被卢梭视为可以避免争斗的人性法则。

然而，随着人们生存需要的发展，自然状态中的人们开始产生了语言、技术、智慧等，于是人们渐渐远离了这种和谐的自然状态，原来的那种自然的平等格局被打破了，出现了不平等的开端。当私有财产被确立之时，人与人之间便开始了对财富的争夺，人性所具有的那种天然的怜悯之心此时已被损人利己之心取代，自然状态从此被战争状态取而代之。在这种互相争斗的战争状态中，无论是强者还是弱者、穷人还是富人都无安全可言，于是人们开始求助于法律和政治社会的建立。

卢梭的自然状态是有别于霍布斯的自然状态的。霍布斯眼中的自然状态是"人对人是狼"的战争状态，自然人在自然状态下是不可能享有自由的，他人的存在构成了自身之外的重重障碍，所以，订立契约的目的是用理性去约束人的欲望，以国家的强力去保障人们的生命安全。主张人民应该把全部的权利让渡，而且权利一经让渡就不再属于人民，由国家统一行使，不可收回。相比而言，卢梭崇尚自由，反对封建专制制度，热烈倡导人民主权说，主张公民的权利是让渡给人民全体，由人民自己管理自己，而政府只是人民行使主权的一种工具，如果统治者违反了民意侵犯了人民权利，人民就有权推翻他。卢梭的思想对 1789 年爆发的法国大革命起到了重要的催化和推动作用。

2、卢梭社会契约核心观点

从历史维度来看，基于不同政治目的和思想流派对政治共同体权力来源问题的学理主张各执一词。在中世纪神权时代，宣扬政府的权力和民众听命都是神定的，君主享有绝对权力，他们的权力是神授的，因为奴隶绝对不能享有立约或者同意的权利。随着人类民主意识的觉醒，资产阶级启蒙思想家开始努力从人类社会本身探索其来源，启蒙思想家从自然权利的基础理解政治共同体权力。

在《社会契约论》中，卢梭主要阐述的命题就是：人生而自由，却无处不在枷锁之中。这个枷锁就是国家。卢梭提出国家创建的理性逻辑：人类想要生存，个体的力量是微薄的，个人的权利、快乐和财产在一个有正规政府的社会比在一个无政府的、人人只顾自己的社会能够得到更好的保护，可行的办法就是集合起来，形成一个联合体，即国家。

国家的目的就在于保护每个成员的人身与财产。国家只能是自由的人民自由协议的产物。人生而自由与平等，人们通过订立契约来建立国家，国家就是人民契约的结合体。"创建一种能以全部共同的力量来维护和保障每个结合者人身和财产的结合形式，使每一个在这种结合形式下与全体相联合的人只不过是他本人，而且同以往一样自由"，这就是社会契约要解决的国家与个人的根本关系问题。有了这种公约和权利的保证，每个人对所有的人承担了义务，所有的人也对每一个人承担了义务，这就使得人与人之间虽然可能有体力与智力的不平等，但是他们却拥有了权利的平等。

卢梭社会契约的核心在于：（1）在社会契约中人民把自己的部分或全部权利委托给政治共同体权力，由政治共同体权力重新建立一种社会秩序，并通过这种秩序来保障人们的生命、财产和自由不受侵犯。（2）人民由于自己的不便而让渡自己的部分权利缔约而形成政治共同体，因此主权必须由全体人民直接行使，不可转移，这是国家的灵魂所在。（3）政府是人民行使主权的一种工具，行政权力的受任者绝不是人民的主人，而是人民的官吏，只要人民愿意，就可以委任他们或撤换他们。

3、主权在民的基础——公意（the general will）

公意代表着人民共同体的公共利益，当把权利交给全体人民时就形成了公意。公意是至高无上的，而政府是第二位的，君主只是派生的。

公意不同于众意（the will of all）或个别意志的集合（the collective will）。"公意只着眼于公共的利益，而众意则着眼于私人的利益，众意只是个别意志的总和。"

公意必须是公共利益的体现。任何个人、家族、团体或阶级，出于自身考虑而忽略全体人民的公共利益，在全体主权者参加的前提下提出议案，即使是全体一致通过了决议，也不是公意。公意并不是简单地从表决数字上看的，所以只要不是出自纯粹的公共利益，即使表决占多数或全部通过，也不能称之为公意。

卢梭认为，主权乃公意外化的表现，因而不能把它转让给任何君主；法律即为公意的表达，法律的制订者只可能是人民。据此逻辑，卢梭提出，政府作为主权者的执行人必须依据公意和法律行事。

四、卢梭的自然教育思想

《爱弥儿》是卢梭教育思想的重要著作。卢梭在《爱弥儿》开篇中写道："出自造物主之手的东西都是好的，而一到了人的手里，就全变坏了。"他提倡尊重人的自然天性，尊重人的自由发展，提倡教育要顺应自然规律。《爱弥儿》一书通过对假象教育对象爱弥儿的教育，阐述了卢梭的教育思想，并被后世称为自然主义的教育思想。

1. 自然教育及其目标

卢梭的自然教育是指以自然法则和人的天性为依据，按照孩子身心发展的自然规律，教育孩子以自然为师，而不是以人为师，从而把孩子培养成自然人的过程。

"自然人"，即在自然的社会状态下本性得到自由健康发展的个体。卢梭通过对自然乡土的观察，认为人在自然界中是独立的、自由的，在这个社会里，人们天生就是平等和自由的人。而步入文明时代，人类的自然天性逐渐消失了，人们逐渐演变成卢梭所称的"社会人"，即被社会地位所禁锢的人。按照卢梭的理解，"社会人"是人类在社会中存在和维持的状态，是经过改造的人，是在一定的社会条件下产生的公民，是人类的异化，会使人陷入一种被束缚的异化状态之中。所以，卢梭认为，在文明社会中，教育的职责就是培养"自然人"的教育。

自然教育的思想主要有以下三个要点：其一，自然教育依据孩子身体和心理的成长过程，适当控制社会生活的条件，使孩子在符合其天性的自然基础上成长；其二，自然教育始终以自由为指导，让孩子享有充分的自由，自由精神是自然教育的灵魂。其三，自然教育要尊重和保护孩子天生的善良本性，使其免受社会的污染。

自然教育的目标是培养社会状态下的自然人，即感性丰富和用理性约束自我的人，并具有自由平等的精神和高尚的道德品质。卢梭指出："在自然秩序中，所有的人都是平等的，他们共同的天职，是取得人品。"[1] 可见，自然教育的侧重点不在于对知识的传授，而在于注重培养孩子道德品质的形成，使孩子拥有高尚的道德情操。卢梭认为，他教育出来的学生首先是人，不是从事某一特定职业的人，不管在任何时候，他的学生都能尽到做人的应尽义务。学会做人就是获得作为一个人相应的道德品质，获得内在的自由，做自己意志的主人。

卢梭为自己设想的学生是爱弥儿，爱弥儿不仅关注他个人的幸福和自由，而且关注他人的幸福，他能体察到别人的痛苦和忧伤，具有一颗宽广善良的心。在卢梭看来，自然教育的出发点是个人，并以个人为对象，努力提升个人的理性思维水平，使个人获得心灵的绝对自由，培养个人独立的品格。自然教育的落脚点不仅仅在于培养一个自然人，自然人只是教育要完成的其中的一个目标，教育的归宿要造就社会的成人，成就公共的大我。这个公共的大我摆脱了以自我为中心的狭隘局限，他具有开阔的心胸和崇高的道德品质，热切关注社会的现实，勇于担当社会的责任与义务，并关注他人的幸福安危。

自然教育最终所造就的是理想的新人，这个理想的新人具有自我完备性和社会完满性，是人内在自然的实现和社会需求的统一，是两者的完美结合。

2. 自然教育的原则

第一，自由原则。自由原则是自然教育的基本准则，自然教育始终以自由原则为根本来实施教育过程。自由是大自然赋予孩

---

[1] [法]卢梭:《爱弥儿（上卷）》，李平沤译，北京：商务印书馆2008年版，第13页。

子的最大权利，享受自由是孩子的天性。既然自由来自孩子天赋的权利，教育的准则就要尊重孩子的自由权利。在卢梭看来，传统的教育束缚了孩子身心的自由发展，造成了孩子的畸形成长。

自由原则要求对孩子的教育是消极的，教育者不去干涉孩子的自由活动。但是，给予孩子自由并不是放任自流，不是对他们的活动毫无干涉。教育者要创造一切可能的条件为孩子的成长提供自由环境，并预防社会偏见的侵入，防止孩子的自由心灵受到社会恶习的不良影响，从而保持孩子先天的自然善端。在卢梭看来，处于婴儿期和儿童期的孩子，教育者要注重给予他们身体自由，对于青少年，教育者要注重他们的思想自由，使其不受别人意见的左右，培养他们的自由理性精神。

第二，实践原则。实践原则是自然教育的中心原则，它强调孩子亲自参与活动，孩子通过与外界事物的接触，从经验中学习。卢梭指出"我们只主张我们的学生从实践中去学习"，"实践"即做，教育者要引导孩子在实际的教育活动中观察和体验外在现象，亲自动手实施，在亲身的活动中学到知识，获得内在的道德品质。

实践原则是与卢梭的认识论联系在一起的，卢梭把人的认识活动分为感性的理解和理智的理解。人首先获得对事物感性的理解，人通过感觉使各种事物显现在人的眼前，感性认识是人们获得知识的第一源泉。理智的理解是处理观念之间的关系，是人通过比较、分析和判断而体现出来的。卢梭虽然把人的认识分为感性的理解和理智的理解两个方面，但他更看重感性的理解，人通过感觉而获得的观念是正确的，卢梭提出，在人的认识活动中，要多采用感觉而少凭借理智。正是由于对感觉经验的充分肯定，卢梭才如此注重实践原则，强调孩子通过亲身经历学习的必要性。

实践原则体现了卢梭以孩子为中心的教育观，孩子在教育活动中处于重要的地位，成为教育活动的主体。以孩子为中心的教育思想，使孩子不再仅仅依赖于教育者的指导，孩子自身是发现真理的探索者，他用自己的眼睛观察世界，用自己的感官感知世界，用自己的双手改变世界。这样，孩子通过自身探索获得的知识，对孩子形成了一种特殊的意义，这些知识已构成孩子自身属性的一部分，他将这些知识融入了自己的生命，成为生命中重要的组成部分。因此，孩子通过实践而获得的东西，不再是外在于他的冷冰冰的东西，不再是教育者苦口婆心式的劝导结果。

实践原则突破了传统教育的狭隘认识，它是对传统教育模式的否定。传统教育就是以口头的语言向学生讲授道德规范，以强制命令的形式向他们灌输科学知识，学生成为知识的接收器，这就挫伤了学生学习的积极主动性，削弱了他们独立思考的能力。自然教育的实践原则克服了传统教育的这些弊端，实现了教育方式的转变。

3. 自然教育的内容

卢梭的自然教育思想具有极其丰富的内容，它对后世的教育产生了深远的影响。自然教育按照孩子年龄的自然成长过程分阶段实施，依照婴儿期、儿童期、少年期、青年期的顺序依次实行不同的教育内容。教育内容分别为意志教育、想象教育、知识教育、道德教育。

婴儿期主要实行意志教育，儿童期主要实行想象教育，少年期主要实行知识教育，青年期主要实行道德教育。这四个方面的教育内容是紧密联系的，前三个时期的教育内容是道德教育的铺垫，其目的是为孩子将来接受道德教育打下良好的基础，防止孩子在成长过程中养成道德偏见。自然教育的重点是青年时期的道德教育，道德教育是自然教育的最终归宿。

在自然教育的四个方面中，意志教育和想象教育在于控制爱弥儿的欲望，使他形成坚定的道德意志，知识教育在于培养爱弥儿的理性，为道德教育阶段接受理性的道德情感做准备。意志教育、想象教育、知识教育都是道德教育的准备，自然教育的重点和归宿在于道德教育。

拓展阅读：《新爱洛伊丝》故事梗概

《新爱洛伊丝》是一部书信体小说，曾名《阿尔卑斯山麓小城两位相恋居民的信札》，作品主要描写的是平民青年圣普乐与贵族小姐朱莉相爱的故事。

小说描写的是两个青年发自内心的自然情感、真挚的爱情。平民青年圣普乐虽然出身寒微，却品学兼优，他被聘到德丹治男爵家做小姐朱莉的家庭教师，两个年纪相当、兴趣相投的年轻人很快就相爱了，但是却遭到了朱莉的父亲德丹治男爵的反对。男爵的封建意识极深，不愿意把女儿嫁给一个平民。于是在朱莉的表妹克莱尔和圣普乐的朋友——英国人爱德华·博姆斯顿的安排下，圣普乐被迫离开朱莉，从瑞士到法国，之后又随一支英国舰队到海外远游，以期忘掉他和朱莉的感情。而朱莉迫于父命，也由于自己内心的责任感，与一个和她在年龄和宗教信仰上有极大差距的俄国贵族沃尔玛结婚。两个青年的发自真心的感情就这样遭到破坏。

从作品看起来，他们只是偶有书信往来，倾诉真挚的情谊，朱莉似乎成功地忘记了她和圣普乐的爱情，并且找到了作为一个妻子的快乐。六年多后，圣普乐回来并应沃尔玛邀请成为他们孩子的家庭教师。在他们之间也只是偶尔有昔日恋情的回响。

但是到了作品最后，朱莉为了救自己落水的孩子得病，在临死之际，她才又面对自己内心真实的感情：她对圣普乐的爱从未停止过。他们的凄美的爱情故事就是通过他们之间的书信以及他们与克莱尔、爱德华·博姆斯顿之间的往来书信展开的。

《新爱洛伊丝》中的男女主人公朱莉和圣普乐,在当时完全属于两个不同的社会等级,却倾心相爱。他们纯粹出自两性之间天然的情感呼唤,一切是那么纯净和圣洁。在卢梭看来,正是这种男女之爱,不合乎平民与贵族不能通婚的社会道德,却合乎人性之天然,自然情感本身是善的和合乎道德的。也许,卢梭正是为了强调男女主人公情爱的天然属性,强调这种天然之爱的合理性,才把这个爱情故事的地点放置在清新、自然、美丽的阿尔卑斯山麓的自然环境中。远离喧闹城市的自然风光,无时不在印证相爱于其间的男女主人公情感的自然天成。

朱莉虽然无法接受父亲的那种等级偏见,但她不能因为爱圣普乐而伤害父亲的感情,为此,遵从父命并克制自己爱的激情,她认为是恪守一种"美德"。圣普乐也同样具有这种"美德"。在和朱莉相爱的最初,他就表现出克制情欲的"美德"。在朱莉与沃尔玛结婚之后,当他看到朱莉和谐的家庭生活,尤其是在她精心经营的伊甸园般的"爱丽舍"花园的美景感染下,激情抑制住了,欲念消解了。

由于朱莉和圣普乐都恪守"美德",他们谁也没有成为情欲的奴隶,他们的情爱永远限于精神的、心灵的范畴。朱莉在临终前给圣普乐的信中写道:"我的品德无瑕疵,我的爱情永远留在我的心里,而不后悔。""美德虽使我们在世上分离,但将使我们在天上团聚。我怀着这美好的愿望死去。用我的生命换取永远爱你的权利而又不犯罪,那太好了……""美德"的历练使激情之爱的火焰透出了卢梭所追寻和祈求的人性的美和善。

(摘编自刘阳:《试论卢梭的〈新爱洛伊丝〉》,《宁波大学学报(人文科学版)》1994年第2期,第36-41页)

【思考与讨论】

1. 你如何理解和评价卢梭的自然主义教育思想？

2. 你如何理解道德状况与社会发展之间的关系？

3. 卢梭在肯定教育的幸福和快乐的同时，还强调"遭受痛苦，是他必须学习的第一件事，也是他最有必要知道的事"。请谈谈你对痛苦教育的理解和认识。

第十章　萨特的人生哲学思想

一、萨特的生平

让-保罗·萨特（Jean-Paul Sartre，1905—1980），法国20世纪最重要的哲学家之一，法国无神论存在主义的主要代表人物，西方社会主义最积极的倡导者之一，他也是优秀的文学家、戏剧家、评论家和社会活动家。他一生中拒绝接受任何奖项，包括1964年的诺贝尔文学奖。在战后的历次斗争中都站在正义的一边，对各种被剥夺权利者表示同情，反对冷战。

让-保罗·萨特1905年6月21日出生于巴黎一个海军军官家庭。萨特的父亲在他出生的第二年就因患亚洲热病而去世，无业无钱的母亲只得携刚满一岁的萨特投靠外祖父。

幼年的萨特智力超常，堪称神童。他在三岁就开始翻读马洛的《苦儿流浪记》，七岁时萨特就开始读福楼拜的《包法利夫人》，以及高乃依、拉伯雷、伏尔泰、梅里美、雨果等法国文豪的作品。如果说许多孩子是在父母的抚爱下长大的，那萨特则是在书籍中间成长起来的。

1920年，萨特进入巴黎亨利第四中学读书。后来又进入了巴黎路易大帝中学文科预备班学习，准备报考巴黎高等师范学院。这两年的学习是萨特学术生涯中的一次重要转折。在预备班学习后期，哲学教师格罗纳·狄斯特利亚要求学生以《绵延的意识》为题写论文。也是在准备论文的过程中，萨特萌发了对哲学的巨大兴趣。

他认识到哲学的价值，认识到哲学可以有助于他的文学思维和文学创造。从此，他开始大量阅读各种哲学著作，对柏格森、尼采等哲学家特别感兴趣。他决心以哲学为自己的终生事业。1924年，萨特以第七名的优异成绩进入巴黎高等师范学院，开始专门的哲学研究。这里是培养出那么多世界著名学者的"思想家摇篮"，对萨特来讲如鱼得水。

1933年萨特赴德留学，悉心研读哲学家胡塞尔和海德格尔等人的哲学，并在此基础上形成了他的存在主义哲学思想体系，这就是一切从人、人的意识出发来研究人和这个世界，把人的主观意识的存在看成是一切存在的根本。与此同时他开始了文学创作。

"二战"爆发后，萨特应征入伍，次年被俘虏，在战俘营中度过了10个月的铁窗生涯。战争与现实使萨特的思想发生了巨大的变化，他从战前的个人主义和纯粹个人转向了对社会现实的关注，开始利用文学干预生活。

萨特的成名作是1938年出版的长篇小说《恶心》，这一部带有自传性质的日记体小说，通过中心人物罗康丹对世界和人生的看法，充分表达了作者的哲学观念——存在主义。1943年萨特完成并出版了他的哲学专著《存在与虚无》。

1955年，萨特和波伏娃访问中国。1964年获得诺贝尔文学奖，但拒绝领取。理由是他不接受一切官方给予的荣誉。

1974年萨特的左眼实际上已完全不能用了（右眼在童年时就已瞎了），高血压迫使他把每天步行的距离减为不到半英里。1980年4月15日，萨特病逝于巴黎，享年74岁，数万群众为他送葬，表达悼念之情。

拓展阅读：萨特与波伏娃的爱情

西蒙·德·波伏娃（1908—1986），法国作家，女权运动领袖，萨特的亲密伴侣，出生于巴黎，巴黎高等师范学院毕业。她出生于守旧的富裕的天主教家庭，父母均是天主教徒。父亲为律师。她14岁时对神失去信仰。19岁时，她发表了一项个人"独立宣言"，主张"我绝不让我的生命屈从于他人的意志"。写有《第二性》，被誉为女人的"圣经"。围绕当代妇女问题，如生命自由、堕胎、卖淫和两性平等展开讨论。

对于萨特来说，波伏娃是他一生所遇到的最重要的女人，是深藏心底最珍贵的女人。1955年9月，波伏娃与萨特一起来中国访问，此后发表《长征》一书。她的小说《名士风流》获法国最高文学奖龚古尔文学奖。小说剖析了知识分子的思想情况，对社会产生了重要影响。此外写过多部小说如《女宾》《他人的血》《人不免一死》，以及论文《建立一种模棱两可的伦理学》《存在主义理论与各民族的智慧》等。1986年4月14日，西蒙·德·波伏娃于巴黎去世。享年78岁。

1924年萨特考入巴黎高等师范学院攻读哲学，这是世界著名的大学，人称法国思想家的摇篮。这时期波伏娃也在巴黎高等师范学院就学。1929年两人又一起参加教师资格考试，萨特第一名，波伏娃紧跟其后考了第二名。接连的巧遇，让他们互相注意，后经朋友的介绍，走到了一起。萨特后来在书中写道："她很美，我一直认为她美貌迷人，波伏娃身上不可思议的是，她既有男人的智力，又有女人的敏感。""萨特完全符合我15岁时渴望的梦中伴侣。因为他的存在，我的爱好变得愈加强烈，和他在一起，我们能分享一切。"波伏娃回忆当时的心情，这样说："那个夏季，我好像被闪电所击，'一见钟情'那句成语突然有了特别罗曼蒂克的意义。""当我在8月初向他告别时，我早已感觉到他再也无法离开我的一生了。"

1929年之后，萨特与波伏娃就同居在了一起。他们一致认为，只要二人永远相爱并生活在一起就够了，这就是婚姻的本质，而无须去办理什么手续。同时双方都保留一个空间，只能使双方的感情更加深入。的确，他们的恋情越来越深入，变得更为相互需要，他们决定彼此决不分手。

正是靠着彼此永恒的激励与支持，使他们都成为彼此作品的第一阅读人。更更重要的是，他们坦率地吐露、坦诚地面对，他们相守了一辈子却并无一纸契约的羁绊。正是由于各自的自由生活，给他们的爱情涂抹了一道眩晕的光环。他们在尽可能的范围中尽情享乐，但都不会忘了给予对方以温柔体贴，因为有萨特，才会造就波伏娃。同样有了波伏娃的存在，才能衬托出萨特的份量。

（摘编自盛邦和：《萨特与波伏娃》，《思想与文化》2018年第2期，第389-399页）

二、"存在先于本质"

萨特提出的"存在先于本质"被公认为存在主义的第一原理，也是存在主义者的共同出发点。此处存在主义者认为的"存在"是指"人的实在"或"自我"，也就是人的主观性，并非哲学基本问题（思维与存在的关系）中的那个存在。"本质"是指人和物所具有的那些特质和规定性，是一物之所以为该物而不是他物的稳定的东西。这个观点跟一般哲学的观点相同。

"存在先于本质"的思想内容包括两个方面：

第一，人以自己的行动创造自己的本质。首先，上帝是不存在的。中世纪唯实论认为人有普遍的本质，这种本质是上帝赋予的，上帝按照自己的概念创造了人，所以人的本质先于人的存在。

现在上帝被推翻了，先天的本质就不应存在。其次，18世纪无神论所讲的普遍的人性是有神论的残余，它也是不存在的。萨特反对这种普遍的人性论，认为普遍的人性是不存在的，人的存在都是个别的，不能用普遍的人性来规定个别性的存在。

第二，人的实际存在是先于人的本质。人要有什么样的本质首先其自身要存在，否则谈其本质是不具有意义的。人在诞生之初，是一无所有的，只有在他接触到社会，随着生理的变化逐渐具有意识，开始造就自我的时候，人的本质才具有。萨特认为，人是主观存在的，是由自己决定自己将要成为一个什么样的人，人是通过自己的创造性来形成人的本质的。并不是普通观点所认为的"人"这种东西产生了，他就存在了。

马克思指出："人的本质并不是单个人所固有的抽象物。在其现实性上，它是一切社会关系的总和。"就是说，人所具有的先天性是不存在的，人的本质只能在后天的社会实践中逐步形成。从唯物辩证法的观点看，萨特在这方面的主张无疑是合理的。由此可知道，人的本质便不是单一不变的，人处于不断发展的社会之中，人在不同的阶段会有不同的本质。对于人及其本质的发展过程来讲，就人的本质是个变化过程，人的成长需要发挥主观能动性。

总之，萨特"存在先于本质"的思想强调人的主动创造性，所要表达的就是你想成为什么样的人全看你自己的选择和创造；人的本质是个不断变化的过程，人的本质在于自我发展与自我完善。人没有先天被决定，即没有天生的懦夫，也没有天生的英雄。不仅如此，人在存在之后，对自己本质的定义也不是一成不变的。没有永远的懦夫也没有永远的英雄。人在行为的过程中，不断给自身定义。根据客观环境、生活状态、人生的经历等不同，每一时期的选择与承担的责任都不同。在人生的每一个阶段，我们都应该设定不同的目标，不断努力实现，不断地超越自己，才能完成自己的终极目标，实现自己的人生价值。

三、"人是自由的"

萨特存在主义人生哲学主张以个人自由为人生的最高价值目标，存在主义主张人生就是追求自由，人生的价值在于个人自由，追求个人自由是人生一切价值的基础。

萨特认为，自由"就是我的存在"。人是唯一有能力使其自身从"自在"转化为"自为"的"存在"，因此，人没有逃避自由的自由。

萨特"人是自由的"思想包含如下几个方面：

第一，人是自由的存在。人的自由是绝对的，人不仅不受上帝的束缚和干扰，而且在精神上也完全是自由的。萨特以狱中俘虏为例说明他的自由概念与常识的自由概念的区别。说俘虏是自由的，并非意指他有随时越狱的自由，而是意指他有随时企图越狱的自由，前者是常识的自由观念，后者是萨特的自由观念；前者注重的是能力和获得，后者注重的是愿望和选择。萨特提醒人们注意获得的自由与选择的自由之间的本质区别，不要以能力的不自由否定愿望的自由。

第二，自由意味着自由选择。萨特否认必然性和决定论，认为一切是可能的，一切都是人自己自由选择、自由设计的。个人如何进行自我改造，完全是个人自己的事。人的一生就是一连串的不断选择的过程，人一抛入尘世就必须不断地自由选择。正是在选择中，自由才获得了意义。人有选择的自由，没有不选择的自由，他必须进行选择，因此萨特认为选择是无条件的，即便决定不选择，这还是一种选择。

第三，自由与责任是不能分割的。萨特认为，既然人是绝对自由的，他的一切行为都出自意志的自由选择，那么，人就要对自己的行为和命运承担责任。人在享有自由的同时，不能不顾及自由选择行为所导致的后果，并要承担起不可推卸的责任。一些看似外在地强加给自为的事情，其实还是自为自己选择的。萨特以被迫参战为例详析了这一点。一个被迫参战的人深究起来还是自愿地选择了参战，或是为了家庭的荣耀，或是因对舆论的畏忌，否则他完全可以拒绝参战，或自杀，或脱逃。正因为人自己选择了战争，所以他应对战争负责。

萨特的"人是自由的"思想的现实意义在于：

第一，萨特的"自由观"给人们提供了无限大的选择空间，倡导了一种积极的人生态度。每个人都是自由选择的，人是不断地创造着自己的本质，不断地向着未来的道路，自己造就自己；人们要不断地去充实自己、完善自己，不断地去选择、追求、提高、奋斗。人生就是一个不断生成的过程，是一个不断地由有限走向无限、由否定走向肯定的过程。

第二，要有责任意识和担当精神。萨特认为，选择、行动、是由我自己自由做出的，每个人就必须对自己的选择、行动负全部责任。人不仅要对个人自己的行为负责，而且要对所有外部事件负责，要对一切人负责，因为我在选择、塑造我自己的形象时，也是在为人类选择、塑造形象。

拓展阅读：萨特名剧《死无葬身之地》

"二战"前夕，5名法国抵抗运动游击队员在一次战斗中失败被俘。此时，游击队长作为身份不明的人也被关了起来，大家面临着严峻的选择，是严守秘密，还是出卖游击队长，获取自由？

经受残忍的酷刑折磨，恐惧、仇恨……种种复杂的情感纠缠着每个人的心。每个人都面临选择……

吕西受尽污辱，头发凌乱、衣衫褴褛、眼神也变得灰暗，甚至带有神经质。与先前美丽的她判若两人。之前，吕西与战友们跳着欢快的舞蹈，意气风发、漂亮迷人，即使戴上镣铐，进入囚房，在一束光的照耀下，依然美丽如故，端庄优雅。而现在，在审讯时被敌人强奸，在弟弟弗朗索瓦看到尸体崩溃后同意杀死弟弟，所以内心极度痛苦，一心求死。

卡诺里，是希腊硬汉，在敌人的严刑拷打下没有叫喊一声。

昂利，耐受程度次于卡诺里，疼得忍受不住叫出了声。

索比埃是一个和生活中大部分人一样唯唯诺诺、胆小怕事的"小人物"。他承认自己的卑微，自忖难以熬住严刑拷打，在大声提醒楼上的队友自己没有招供后伺机跳楼自杀。

吕西的弟弟弗朗索瓦年幼单纯，他害怕受刑，害怕死亡！当卡诺里、昂利用征求的目光注视着吕西时，吕西极度痛苦地说道："手段无关紧要！"吕西选择了大义灭亲。

若望，是身份未被发现的游击队长。敌人相信了若望的假身份，游击队队长若望获释。在获释前，若望提出了替身计划：他脱身后将文件放在一个山洞里的死人身上，让俘虏们招供这个山洞，以便早日摆脱痛苦。

一心求死的吕西和昂利在这条生路面前，一开始是不愿的，因为他们身上背负了只有荣耀的慷慨就义才能洗刷和掩盖的"内心的罪"，即被奸污及弗朗索瓦之死。但最为"清白坦荡"的卡诺里在生路面前不愿轻易言死，因而一力说服了吕西和昂利，向敌人供出了替身所在的山洞。

敌人在死者身上发现藏有游击队的文件，相信游击队领导人已死，俘虏们的供词是可信的，于是宣布释放俘虏。

当吕西、昂利和卡诺里他们以为自己获释，一起在墙上写下一个巨大的"V"字时，穷凶极恶的敌人还是在背后向他们开枪了，枪声响起，他们牺牲了……

（摘编自周磊：《〈死无葬生之地〉中的戏剧冲突分析》，《大舞台》2016年第6期，第41-44页）

四、他人即地狱

人即地狱，是萨特的一句名言，这句话出自萨特的一个剧本《禁闭》，说的是三个被囚禁起来的鬼魂，等着下地狱，但在等待的过程中，三个鬼魂彼此之间不断欺骗和互相折磨，最后他们忽然领悟到，不用等待地狱了，他们已经身在地狱里面了。地狱并不是什么刀山火海，永远和他人在一起，这本身就是地狱，这就是：他人即地狱。乍一听起来这句话和崇尚自由精神的存在主义哲学格格不入，萨特为什么会有这样的结论呢？其实这句话也道出了萨特哲学思想沉重和悲观的一面。

萨特认为，人的存在先于他的本质，人的本质是他自由选择的结果，人生来没有善恶之分，也没有所谓的本质，人的本质都是后天形成的，通过自由选择和自由行动塑造的，自由选择和自由行动成就了自己的人生，让我们成为自己会成为的那个人。我们能够自由掌控自己的生命，哲学上称之为"主体性"。我是主体，意味着我有主导权，而别人就是客体。但是每个人都是主体，谁愿意成为客体呢？萨特认为，每个人都会为了自我的主体性，而与他人展开斗争，每个人在和他人相处的时候，都想把他人变成客体。就像在日常的社交关系中，我们都希望自己是掌控者一样，掌控感会给我们安全感。那我们是如何把他人变成客体的呢？就是通过对他人的"凝视"。在萨特的哲学中，自我和他人是对立的关系，这种关系是主体和客体的关系。自我和他人都是存在，我有意识，别人也有意识，而双方通过"凝视"，来实现把别人当成意识的对象，甚至把别人虚化为一个存在物。在他人的凝视下，我的存在和世界的存在发生了冲突和矛盾。

简单来说，萨特的"他人即地狱"，有三层意思：

第一，如果自我不能正确对待他人的目光，那么他人就是自我的地狱。人们在为自己要求自由的时候，其实这完全依赖于他人，反之亦然，他人的自由也依赖于我们的自由。虽然自由作为人类的规定属性，是不应该依赖于他人的，但是，在社会活动当中，你会发现，在要求自己自由的同时，也是在要求他人自由。所以，我们需要做的是在实现自己自由的同时，也应该去实现他人的自由。如果自己有意恶化与他人的关系，那么自我就不得不承担地狱般的痛苦。

第二，如果自我无法正确对待他人的评价，那么他人对你的评价就是自我的地狱。一个人的自由是与生俱来的，人有权利决定自己，按照自己想要的生活方式去生活。但是，当有了他人的目光介入时，我们不得不去伪装自己，改变自己，甚至以他人的目光去评判自己。世界上有很多人都处于这种地狱的境况中，总是在用别人的目光去评判自己，他们逐渐不再去考虑自己的真实感受，而是一味地想要得到他人的承认和赞许。长此以往，我们就走进了自己给自己准备的地狱，别人的目光成为我们评判自己的最高标准。他人的评价需要听取，但只能作为参考，不要过分依赖，过分重视，当然更不能把他们当作行为的准则，这样你也会承担地狱般的痛苦。

第三，如果自我不能正确对待自己，那么自我就是自己的地狱。萨特想通过《禁闭》告诉我们，真正的地狱是我们自己。我们不能把希望寄托在别人身上，我们必须自己勇敢选择，勇敢行动，这样才能摆脱痛苦，离开深渊。在这个世界上，你真正的敌人只有你自己，只要你说服了自己，你就可以打破地狱的枷锁。我们需要做的是，当发生事情时先找找自己的原因，只有发现自己身上的缺点，去改正这个缺点，我们才能完善自己。

总之，萨特提醒我们，要争取自由，才能砸碎地狱：不要肆意破坏和他人的关系，也不要过分依赖他人的评价，更不要为自己制造牢笼而陷入地狱。

拓展阅读：萨特的狱中生活

19世纪末，尼采高呼"上帝死了"，认为人世间没有什么绝对的标准来衡量人的生存和价值，人是自己价值的创造者。萨特同样认为上帝是不存在的，人成为孤独、迷茫的个人，人只有依靠自己，只有自己才能实现自己的价值。早期的萨特有三个代表性观点：

第一，"存在先于本质。"人的本质是不确定的，人作为有意识的主体总是寻求对自身的超越性，总是设法实现自身新的可能，人的本质是一个从自在走向自为的过程。

第二，"人是自由的。"因为意识是自由的，人就是作为自由的意识存在，所以，人可以用自由去超越自身所处的情境。这一观点充分弘扬了人的主体性自由，增强了人的生存勇气。

第三，"自由即责任。"自由不意味着可以逃脱责任，人必须对自己的自由选择承担责任。萨特的观点既增强了人的生存勇气，也赋予了人绝对的责任，要求人们对自己的行为负责。

1939年9月3日，英法被迫对德宣战，第二次世界大战全面爆发。萨特应征入伍。萨特毫不抱怨现实，从未流露出任何痛苦的表情。但是，现实中的一切对他触动太大了，这次入伍前后，他便置身于两个完全不同的世界里。不久前他还在高谈自由、拯救、创举，而现在他已不属于他自己。后来萨特曾多次谈到，直到这次应征入伍，他才真正体会到"社会"这一概念意味着什么。

1940年6月14日，巴黎被德军攻陷。但法国人民仍以必胜的信心投入到战斗中，萨特也是其中之一。1940年6月21日，也就是萨特35岁生日那天，他与成千上万溃退的法军一起当了俘虏。被俘后萨特最初被关在法国的巴卡拉，两个月后被迁至西德特里尔集中营，随后开始了将近9个月的战俘生涯。

身处沦陷了的巴黎的波伏娃深深地为萨特担心：这个一直养尊处优，一直无法忍受纪律和强制的人能忍受得了成为一名俘虏吗？但萨特接二连三的热忱来信使她稍稍安心了一些。信中说，战俘营的情况远非无法忍受，供给的东西是不太够用，但犯人们不必劳动，因此他仍能坚持写作。集中营里有各种各样的人，他已经交了很多朋友，并日益感到这种新的生活方式很有意思。波伏娃半信半疑：萨特果真是如此坦然经受这一切变故吗？他怎么会对那样一种明显的痛苦生涯"怀着强烈的兴趣"呢？

萨特并不像波伏娃所担心的那样，是为了宽慰她而编造谎言，他甚至一点也没有夸大其词。战俘生活的确没有令萨特感到难熬，他感到自己正在重温好久都没有过的集体生活。更重要的是，他第一次发现自己很乐意成为群众中的一分子。战俘营是每15个人一起睡在地板上，由于没有其他事可干，俘虏们几乎成天躺着。然而这样的生活并不乏味，因为"可以无日无夜、毫不间断地与人交谈，直接往来，平等对待"。萨特从这种生活中学到了很多东西，并开始努力使自己像一个普通人。他发现难友们大多都是拒绝妥协和让步的高尚的人，他们之间所形成的那种兄弟情谊既牢固又美好。此外，萨特十分欣赏这些人即使处于厄运中也毫不减弱的兴致和机智，而集中营生活中无时不体现出的简单的纯朴则让他回味无穷。

狱友们也十分喜爱萨特，因为他博闻广见又口若悬河，他的嘴里总会出其不意地吐出让人捧腹大笑的句子。一有空，他就给大家上哲学课，讲海德格尔、尼采……萨特原来是不大喜欢讲课的，现在却乐此不疲，因为他爱讲什么就讲什么，也因为此刻知识真的成了点燃生命的火花。"我负责组织了一所民间大学，给几乎全由教士组成的公众授课……我不拒绝招收学生。"在给波伏娃的信中，萨特不无得意地写道。萨特的每一封信都会让波伏娃精神为之一振。看到关在集中营中的萨特并不怨天尤人，而是立足于自己的现状，整天忙得不亦乐乎，她感到萨特已为她以及所有法国人提供了一个范例——法国沦陷了，但法国人不应就此消沉。

在集中营中，萨特还创作、导演，并亲自参加演出了一出戏剧。演出所获得的巨大成功着实让萨特出乎意料。通过写作此剧，萨特发现了自己身上潜藏的戏剧家的天赋，虽然第一次尝试很难称得上完美，但他感到自己找到了一种全新的创作艺术，它比小说能更直接、更正面地反映现实、唤醒民众。

尽管对这段监狱生活，萨特从来没有抱怨过一句，但他仍然热切地期盼着逃出牢笼、回到巴黎。后来，时机终于到来了。由于战俘营中有相当一部分是老百姓，德国方面同意释放那些太小或太老以及身体状况不行的人。因为萨特在3岁时右眼得过一次眼病，此后右眼就一直处于半失明状态，他把右眼皮翻开，露出几乎快要瞎的眼睛，可怜兮兮地说："我什么都看不清。"这个证据医生们很满意，这样，萨特被当作老百姓释放了。

第二次世界大战是萨特一生中最大的转折点，兵役和战俘生活使萨特发生了巨大的变化。用萨特自己的话来概括这种转变便是："战争使我懂得了必须干预生活。"战前的萨特是个游离于社会现实之外的人，对于生活、他人、社会、义务、责任等，他总是抱着无动于衷的冷漠态度。尽管他对现实不满，对抗社会，但由于过于看重个人的尊严、过于维护个人的自由，他始终只是一个旁观者，从未投入到社会现实之中。战争以其特有的方式给萨特上了深刻的一课。通过对战争的反思，萨特的思想开始发生裂变，萨特不再满足于用现象学方法去认识和解释世界，而是转向对社会现实的关注，真正去社会现实中寻找人的价值和人的自由。《辩证理性批判》是萨特后期的代表作，《辩证理性批判》是萨特在唯物主义层面和马克思的对话，在荒诞世界中举起了人道主义的火把。

（摘编自西蒙娜·德·波伏瓦：《萨特传·第十六章 战俘生涯》，黄忠晶译，百花洲文艺出版社，1996年版）

【思考与讨论】
1. 你如何理解和评价萨特"存在先于本质"这一命题？
2. 你如何理解和评价萨特"人是自由的"这一命题？
3. 你如何理解和评价萨特"他人即地狱"这一命题？

第十一章　加缪的人生哲学

阿尔伯特·加缪（1913—1960）是横跨文学界与哲学界的奇才，他在自己的文学作品中诠释深奥的哲学思想。他的著作《西西弗的神话》举世闻名，并于1957年获得诺贝尔文学奖。在加缪的思想中，"荒谬"和"反抗"是一对中心概念。"荒谬"是起点，"反抗"是终点。"荒谬"代表着对现实世界的洞察和对西方传统逻各斯中心主义的解构，而"反抗"表明了人面对荒诞时应该持有的人生态度，即西西弗的态度，同时也是对人性道德追求的一种重新阐释与建构。面对现代虚无主义的浪潮，加缪始终拒绝走向虚无主义，他试图反抗这个荒诞的世界并寻找一条新的希望之路，这不仅是对人的价值的一种坚守，同时也是人类精神文化的瑰宝。[1]

一、加缪的生平与主要著作

1913年11月8日，阿尔贝·加缪生于阿尔及利亚的蒙多维。父亲是一家酿酒厂的工人，母亲做清洁工作补贴家用。1918年4月，第一次世界大战爆发，加缪的父亲应征入伍，一个月后不幸在马恩河战役中阵亡。这个打击让原本就不富裕的加缪一家生活更为艰难，他们不得不搬到阿尔及尔郊区的外祖母家居住。

但是，加缪的童年并没有因此蒙上阴影，严酷的贫穷与简单的快乐相交织的生活让他成长为一个拥有朴素情怀且对现实生活

---

[1] 冯德浩、邵佳：《试论加缪生存哲学的伦理内涵及当代价值》，《山西青年职业学院学报》2019年总第32期，第89-99页。

特别关切的人。正如加缪自己所说："我固然生活在经济拮据之中，但也不无某种享乐。我感到自己有无穷无尽的力量，所需要的就是给它们找到用武之地。贫困并不是这种力量的障碍。"[1]

加缪之所以能在贫困的童年生活中获得这样朴素、积极的生活态度，很大程度上归功于他的家人，他们为加缪提供了在困难生活中坚持正直，享受快乐，不妒羡他人的榜样。加缪生活态度的另一重要成因，是他成长其中的自然环境。阿尔及利亚这个地中海沿岸的北非国度，最为充裕的就是阳光。在阳光的照耀和抚育中，阿尔贝·加缪获得了如同阳光般明朗、澄澈的性格。他在回忆这段岁月时如是说道："无论如何，那美好的炎热天气伴随我度过童年。使我不会产生任何怨恨……在非洲，海洋和阳光分文不取。"[2]

除有益身心的自然和人文环境之外，加缪也受到了良好的教育，这对于他今后在文学和学术道路上的发展至关重要。他的母亲埃莱娜虽然是文盲，但十分支持自己的儿子接受教育。另一个对加缪的求学生涯有着重大影响的人是他的小学老师路易·热尔曼（Louis Germain），他发现了加缪的天赋和对知识的兴趣，并帮助这个学生打下了良好的基础。中学时期，加缪遇到了他一生的良师益友让·格勒尼埃（Jean Grenier）。正是受他的影响，加缪开始了自己的哲学历程。他同时也是加缪文学道路的引路人，他本人的作品《岛》就令加缪十分钦佩。加缪17岁那年，格勒尼埃将安德烈·里肖的《痛苦》推荐给他。正是这本书，让加缪有了创作的欲望。

也就是在这一年（1930年），加缪被诊断出患有肺结核，这

---

[1] [法]阿尔贝·加缪：《反与正》，《加缪全集·散文卷Ⅰ》，丁世中译，上海：上海译文出版社2010年版，第4页。
[2] 同上注。

种顽疾将伴随他接下来的人生。但加缪积极、乐观的生活态度使他并未被病痛击倒，并且从中有所感悟，"这场病终究促成了我内心的自由，亦即对人的利益稍稍拉开距离，它使我免于产生怨恨"。因病休学一年多后，加缪回到了高中并保持了优异的成绩。在格勒尼埃的鼓励下，他开始尝试文学创作，在《南方》等一些小型杂志上发表随笔。

1933年，加缪进入阿尔及尔大学，攻读哲学和古典文学。他开始写读书笔记，其中涉及司汤达、陀思妥耶夫斯基、尼采、格勒尼埃、纪德等。

1935年，在当时的青年偶像纪德和马尔罗（Andre Malraux）的影响下，加缪投身于左翼社会活动，并加入了法国共产党，负责在穆斯林当中开展宣传工作。1937年11月，党组织以加缪入党动机不纯、持不同政见为由，将他开除出党。自此，加缪生活的重心离开政治运动，他以更加严肃的态度，投身更广泛的社会生活，并开始了对人的处境的思想探索。

1937年5月，加缪的第一部随笔集《反与正》出版，书中反映了加缪对阿尔及利亚市民社会中苦难生活的观照和思考，他的人本主义立场在书中也已初步成型。

1939年5月，加缪的抒情散文集《婚礼集》出版，其中的素材基本来源于阿尔及利亚与意大利等地中海沿岸国度的生活经历，加缪毫不吝惜笔墨地抒写了自然景观带给他的美的享受以及鲜活、快乐的生活场景，他对现实生活的热爱溢于言表。同年9月，"二战"在欧洲爆发。

1940年1月，加缪去往巴黎（此时法国尚未遭到入侵），在好友帕斯卡·皮亚（Pascal Pia）的推荐下进入《巴黎晚报》编辑部工作。5月，承载着加缪对荒诞的人和人的荒诞处境观照的小说《局外人》完稿。9月，他开始撰写自己荒诞哲学的奠基之作《西西弗的神话》，至 1941 年 2 月完稿。

1943 年，他加入了法国抵抗运动并很快成为地下刊物《战斗报》的编辑，他在此期间发表了大量时政文章，后多收录在《时政评论一集》中。"二战"期间，加缪与让－保罗·萨特（Jean-Paul Sartre）、西蒙娜·波伏娃（Simone de Beauvoir）结识，并进入了以他们为核心的学者圈子。

1944 年，剧本《卡利古拉》《误会》出版，这两部作品都被视作加缪的戏剧代表作。《卡利古拉》反映了人在事关生活幸福的根本追求遭受挫败后陷入的疯狂状态，同时呈现了一个由荒诞帝王支配的荒诞王国。《误会》包含着与《卡利古拉》相似的主题，反映了人生最大的"统一性追求"受挫后人的绝望和荒诞感。

1947 年，《鼠疫》出版，获得了巨大成功。该书刻画了未知厄运笼罩下，人的荒诞生存状态。并且，由该作中可见加缪的哲学思考由"荒诞"向"反抗"推进的轨迹。1951 年，《反抗者》出版。该书从哲学、伦理学和文学诸方面，探讨了人类反抗的历史进程和精神机制，提出了一套反抗的理论，这是加缪人本主义思想的核心。这本书随后引起了萨特与加缪的激烈论战，并最终导致二人的彻底决裂。

1957 年 10 月，瑞典文学院宣布，44 岁的法国作家阿尔贝·加缪获得了该年的诺贝尔文学奖，阿尔贝·加缪因此成为这个奖项历史上最年轻的获奖者。

1960 年 1 月 4 日，加缪搭朋友的顺风车从普罗旺斯去巴黎，途中发生车祸，加缪当场死亡，年仅 47 岁。

二、加缪的"荒诞"概念

从词源上来说，荒谬一词源于拉丁文荒诞 absurdity，原意为不合规范的、无意义的。本着对人现实生命与现实生存的关注，加缪首先认定荒诞不是人本身的状态，也不是世界的状态，而是人与世界交互关系的一种状态。

世界与人的需求——包括物质与精神两方面——能否和谐一致，就成为决定人类生活是幸福还是荒诞的关键。荒诞产生于人的呼唤和世界不合理的沉默之间的对抗。人企图用理性把握世界，但世界却冷漠地给予否定的回答；我们希望人与人之间互相理解、团结友爱、互帮互助，但人没来由地互相残杀，你争我夺；我们希望清楚地认识自己，但却无法真正地了解自身。

荒诞本质上是一种分裂，它不存在于对立的两种因素的任何一方，它产生于它们之间的对立，产生于人类的呼唤和世界无理沉默之间的对立。加缪从四个层面诠释了这种荒谬之感。

第一层来自死亡。即使一个有机体设法从危及其生存的威胁和危险中幸存下来，它也无法逃脱死亡的终结。而相比其他物种，人类遭受的痛苦更大，因为他们敏锐地意识到自己即将灭绝，从而意识到整个生命斗争是漫无目的和徒劳的。由此看来，人类的存在是毫无意义和荒诞的。

第二层来自世界。世界虽然五彩缤纷，但世界的意义实际上都是人类赋予或加于其上的。加缪写道：世界在逃避我们，因为她再次变回自己。风俗习惯所遮蔽的舞台背景再次展现了原貌，它与我们远远相隔。……世界的那种复杂难懂和陌生疏远就是荒谬。人与世界的对立使人类感到自己生活在虚空之中，感到自己对世界而言是局外人，荒诞便产生了。西方文化中人类与自然"二元对立"的思想倾向本就十分突出，工具理性长时间、大范围的实际应用更是加剧了这一趋势，致使"经过千年沧桑变幻，世界与我们的对立愈加强烈"，统一的欲求如果无法实现，则会转化为一种"流放"体验，人与世界的关系本质上就是"荒谬"。

第三层来自他人。人与人之间随时随地都有可能发生无法交流沟通的陌生感，他们举止机械的一面以及他们毫无意义的滑稽举止使得周围的一切变得荒谬起来。人与人之间的障碍，导致了种种令人费解和荒唐之事。人作为"在世的存在"，渴望能够按照人性的要求生活在一个自然、和谐、友爱的环境中，人与人能够友爱互助，但事实上人与人矛盾不断，人总是感觉到与同类相斥，感觉到自己对他人来说永远是陌生人，感觉到自己是生活的"局外人"，人与他人分裂。

第四层来自自身。加缪认为人能够通过触摸感受到周围的事物，但却无法真正地了解自身。关于人所持有的特质，如教养、出身等都是他人强加于自身的，我对于我自身将永远是陌生的。

三、荒诞是人类必然性的走向[1]

在加缪看来，荒诞还不同于疾病。疾病伴随并威胁着人类，但是却并不是每一个人都会感染疾病，而荒诞则是每一个人都会经历的，每个人都会体验荒诞，都会有荒诞感。

加缪在《西西弗的神话》中所说"诸种背景崩溃了……，'为什么'的问题便被提出来，一切便就从这带点惊奇的厌倦味道开始了……"这里所说的"开始了"，便是指荒诞的开始，也就是人开始遇到荒诞。

人生活在一定的自然背景和社会背景之下，在这些背景之下以扮演的方式活着。人类在欲望的激发下为了所谓的荣耀、财富和刺激竟然不顾自己的长远利益，并且逃避对生命之脆弱以及死亡之临近的思考。在加缪看来，一旦这些足以欺骗人们终生的背

---

[1] 惠芬芬：《从作品〈西西弗神话〉之中略看加缪的荒诞意识》，《传播力研究》2020年第16期，第108、162页。

景、身份、目的等崩溃了，那么荒诞便降临了，而这其实也证明了，所有人其实都是活在荒诞之中，哪怕他认为他的生命是充满了意义的。

人类的日常生活毫无疑问是单调刻板甚至令人窒息的，人类一旦质问这种生活的意义，便开始意识到荒诞。对当代人而言，忙碌的生活只让人觉得疲累，却没有人认为充实。多种身份和背景包裹着人们，让人们越来越难以发现自己生活的意义。当人们的身体不再能够适应越来越多的角色和越来越快的背景转换的时候，一切曾经信以为真的假象便开始崩塌，失落伴随着疑惑逐渐占据了人的心灵，人开始意识到曾经对于幻觉的相信是多么的荒诞。

四、对待荒谬的三种错误态度

既然人生始终摆脱不了荒诞的处境，有人就认为，自杀是最简单的摆脱荒诞的办法。对此，加缪却指出自杀并不能消解荒谬，而是逃避、轻视自己，是对生活的亵渎和否定。出于对生活的热爱和激情，加缪把生命视为绝对价值，所以自杀的态度是完全应该放弃的。

在《西西弗的神话》中，加缪强烈批判了面对荒谬的第二种态度：哲学上的自杀。有些存在主义哲学家在分析了人类命运的荒谬性后，把向来世的飞跃作为解决的方法和出路，将人对荒诞的思虑也引向上帝，让人们相信，我们在现实中体察到的荒诞也是上帝的旨意，因此省察荒诞并洞悉它就不是人类的事务，也并非人类所能为，归根结底，就是要投向上帝的怀抱。加缪一针见血地指出这种思想就是在号召逃遁，其本质仍是宗教。

由此，加缪引出了他所批判的第三种错误态度——希望。加缪认为，希腊人从装满了人类罪恶的潘多拉盒子中最后放出了希望——这是所有邪恶中最可怕的一种，我不知还有什么象征比这更加生动。因为，同人们所理解的正好相反，希望等于屈从。肉体自杀、哲学自杀、希望都是对待荒谬的错误态度，都是一些消极的逃避态度，这些态度都不能消灭荒谬，也不能超越它。那么，什么才是对待荒谬的正确态度呢？加缪倡导人们反抗荒谬："对荒谬的沉思在其通途的最后回到了人类反抗的熊熊火焰之中。我就是这样从荒谬中推出三个结果：我的反抗，我的自由和我的激情。"加缪指出的方向是反抗。

五、反抗：加缪的选择

荒诞是人与世界共存的关系，反抗则是人应有的存在方式和在世行动的准则；荒诞描述人和世界的关系，反抗则确立人的力量与价值；反抗从荒诞中来，荒诞又确立反抗的意义，荒诞与反抗是共生的，意识到荒诞才能成为真正意义上的反抗者，而反抗者才是坚持荒诞意识的人。

在《反抗者》的第一部分，加缪定义了反抗：反抗应该是一种绝对命令，因为人们只有通过反抗，才能在麻木的沉睡中苏醒过来。"我们每天遭受的苦难中，反抗所起的作用犹如'我思'在思想范畴所起的作用一样。""何谓反抗者？一个说'不'的人。然而，他虽然拒绝，却并不放弃：他也是从一开始行动就说'是'的人。"在此，加缪明确了一点，反抗者的意识和行为同时表达否定与肯定：否定那些压迫他、不符合他统一性需求的生存条件；肯定并且力图实现自己统一性需求之内的生存条件。

反抗的意义不在反抗的成败，而在反抗本身所体现出的自由。觉悟到荒诞的人，明白自身的不自由，也正因为这一点，反倒使他获得更深刻的自由，彻底投入到充满激情的、当下的、行动的自由之中，实现存在的多种可能性。反抗、自由与激情让他想起地中海的生活——在那里，"生活遵循的是一条充满激情的轨迹，变化突如其来，对人既是考验又很慷慨。这样的生活无需去营造，只需去燃烧"，"一切与死亡有关的事情在这里都被视作可笑和令人讨厌。这里的人没有宗教信仰、没有偶像，他们熙熙攘攘地生活，然后孤零零地死去"。加缪相信，充满活力的身体比灵魂的永恒更重要，充满生机的自然比人的历史更重要。

小说《局外人》讲述了看似冷漠消极的小职员默尔索的荒诞人生。对于默尔索，加缪说：他远非麻木不仁，他怀有一种情感，因而倔强而显得深沉，这是一种对真理的绝对的情感。默尔索以自己一人之力向这个荒谬的世界发起了挑战，并最终被判处死刑。他独自承担了人类的命运，用自己的死亡来完成了坚决而又孤独的反抗。

在《西西弗的神话》里，加缪进一步昭示了一种有意义的反抗，即以反抗使人具有某种意义而感到某种幸福。西西弗就是这样的人，他超出了他自己的命运，他比他搬动的巨石还要坚硬。相对于默尔索显示出的无奈，西西弗是乐观的，他的积极行动酿就了他"悲剧英雄"的地位。

随之而来的哲理小说《鼠疫》展示了一种集体式的反抗。加缪在《手记》中写道："我试图通过鼠疫来表达我们所遭受的窒息以及我们所经历的受威胁和流放的环境……《鼠疫》将描述那些在战争中经历了思考、沉默和精神痛苦的人的形象。"这让人意识到个体存在价值的实现不能从根本上改变人的生存困境，只有拥有积极的心态和奉献的精神，用集体的力量行动起来的反抗才是解决之道。从个体的消极反抗到积极反抗，再到集体的反抗进取，加缪的反抗哲学逐渐成型。

在《反抗者》中，加缪推崇的"地中海思想"，为他提供了反抗的思想与激情资源。对加缪来说，西北欧与地中海构成相对的两个世界。在西北欧阴郁专横令人绝望的世界里，彻底的荒诞冷漠绝望吞灭了人的存在。而到地中海，感性的欢快与荣耀让你时刻感受到生命的力量。大海、天空一片湛蓝，清凉的微风送来海水的咸味，奇妙的欢乐充溢在海天之间，没有人会拒绝或可以否定这个鲜活的世界。反抗的力量来自自然的怀抱，来自爱和渴望。尽情地生活，是这个世界中最令人骄傲的真理。人世之上没有幸福，晨昏之外没有永生。从荒诞走向反抗，除了阳光、亲吻和荒野的芬芳，一切都微不足道。

拓展阅读：《局外人》荒诞哲学的体现

存在主义认为世界是荒谬的，人生是痛苦的。世界的荒谬感常常存在于存在主义作家的文学作品之中，常被人们提起的代表作有卡夫卡的《变形记》和加缪的《局外人》。这些文学作品展现出一个无法解释因果、充满矛盾与和谐共存状态的世界。现实世界的个人肉体的结局是死亡，但是作为"自为的存在"，人的结局是无法评估和预知的。

（一）世俗的荒诞

《局外人》有一个惊艳的开头："今天，妈妈死了。也许是在昨天，我搞不清。"小说开篇留给读者的印象便是主人公默尔索的冷漠无情。在母亲的葬礼上，默尔索仿佛置身事外，机械地完成被分配的某项任务。他两次拒绝看妈妈最后一眼，在停尸房时困意袭来，他喝了自己特别喜欢的牛奶咖啡，抽了烟，最后甚至睡着了。在众人眼中，他没有一丝悲痛，也没有因为母亲的离世而留下一滴眼泪。葬礼那天早上，默尔索看到乡下的景色时甚至想到，"要是没有妈妈这档子事，能去散散步该有多么愉快。"

当别人问起母亲的年龄时,他甚至记不起来。在葬礼结束时,他想到的是"将要上床睡上十二个钟头时所感到的那种喜悦。"一切看起来都是那么荒谬无理,他似乎遗忘了至亲逝去的伤痛,抛弃了社会约定俗成的情感表达。

面对悲伤,人们总是习惯情感代入,预设想象。一旦某人行为有失偏颇,必然为旁人所不容。《庄子·至乐》中记载,"庄子妻死,惠子吊之,庄子则方箕踞鼓盆而歌。"在庄子的哲学思想中,生死是一种自然现象,生死的过程不过像四时运行一样。庄子看似旷达的背后,对妻子逝去有着无限的悲恸,然而周围的人未必能理解。

与此类似,加缪通过葬礼上默尔索的表现,采用了违背公众理念的荒诞方式塑造默尔索的性格,不但为后文的荒诞结局作出铺垫,而且传达出自己的哲学思想。默尔索并没有错,错的是大众对默尔索没有悲痛的不解。默尔索看似与世界格格不入,但是他对母亲的爱并不比别人少半分,只是没有寻求一致的情感表达。当默尔索到达养老院时,他想立刻见到妈妈。当院长说他的母亲希望按照宗教仪式进行安葬时,他知道母亲未想到过宗教。默尔索并非冷酷自私,而是在他的思想意识里宗教仪式是毫无意义的。他是一位坚定的虚无主义者,遵从自己内心的想法,对人生的意义清醒而自知。

默尔索环视自己的房子,"妈妈在的时候,这套房子大小合适;现在,我一个人住就显得太空荡了……我只用我这一间……其他的空间我都不管了。"在读者眼中,他的行为怪癖又可笑,但是他活在自己构建的理性且清醒的世界里。整个世界对他而言是荒诞的存在,他注重个体的体验认知。站在房间看着窗外生活的他与常人无异,这表明他不是脱离社会而存在的,而是作为一个个体实实在在地存在于社会生活中。面对友情、婚姻、工作,默尔索的态度是："他就问我愿不愿意做他的朋友。我说做不做都可以。""玛丽来找我，问我是否愿意跟她结婚。我说结不结婚都行，如果她要，我们就结。她又问我是否爱她，我像上次那样回答了她，说这个问题毫无意义，但可以肯定我并不爱她。""不过对我来说，实在可有可无……人们永远无法改变生活，什么样的生活都差不多。"

文字中写满了默尔索的消极、无所谓、漠不关心的人生态度，生活对他来说都是一样的，都是存在于荒诞之中——无论做与不做，自己存在的意义并不大，改变不了什么，向世人也说明不了什么，索性就放任自流，配合周围人"演戏"。他仿佛洞察了社会的本质，无力改变，不屑抗争，只能被社会洪流裹挟前进。然而默尔索正是将这种无所谓的态度作为自己抗争的武器，去追求真实。

在小说中，加缪通过对一个普通人日常生活的描述引发人们的反思。看似荒诞可笑的背后，是人们信仰的消逝，是主观价值意识的丧失。默尔索的行为表现是在他意识到人活着毫无意义但又要活着的荒诞中作出的反抗选择。

（二）法律的荒诞

母亲的葬礼为默尔索杀人后的审判理由作了荒诞叙事的铺垫，后文的描写将社会的荒诞推向极致。在小说中，不仅人物性格体现出荒诞，而且国家权力机关和法律范围内都写满了荒谬，包括宗教在内。麻木的人们习惯了思想上的依附性，习惯了人云亦云，打着法律的旗号完成违背社会习俗行为的审判，甚至忽略了事情本身。

作者在书中安排了默尔索因为太阳强烈炙烤导致眩晕而开枪杀人的故事情节。阳光对加缪有着深刻的影响和特殊的意义。"在当今虚无主义最为阴郁的时候，我唯一寻找的就是超越这种虚无主义的理由。我说依靠的是对于阳光的本能的忠诚，我出生在阳光之地，那里的人们数千年来都懂得向生活敬礼，即使是在痛苦之中"。默尔索杀人的动机荒诞，看似情节上的偶然，实则是理念上的必然。

默尔索在狱中向律师解释道："我有一个天性，就是生理上的需要常常干扰我的感情。"天气会影响他的行为，客观的身体状态决定了他的主观情绪。默尔索在狱中拒绝撒谎，这是他内心坚持的原则。荒诞的司法审讯是小说的核心部分，默尔索一遍遍讲述自己的杀人经过，预审法官却毫无逻辑地追问他对母亲的爱。在庄严的法律面前，预审法官甚至拿出了十字架，强调上帝的力量。默尔索理智旁观这一切，他觉得可笑，尽管他努力去说明一切。他直截了当地说不信上帝，坚信自己与别人不一样，即便面对死亡也不曾改变。面对预审法官的荒谬行为，默尔索的犯罪行为"与其说是真正的悔恨，不如说我感到某种厌烦"。

默尔索是一个绝对的孤独者，他孤独地审视周围，认识到两个不同世界的人无法达成交融。审判前，大厅挤满了人。记者告诉默尔索，因为是淡季，报纸刻意渲染了他的案子。这理由荒谬可笑，报纸作为大众传播的重要载体，本应以实事求是的态度进行报道，却因为利益背弃原则。默尔索进入监狱后，像一个摄像机一样记录着周围的种种荒谬行径。他冷眼旁观世界，拒绝融入，走向虚无。检察官反复强调默尔索在母亲葬礼上的冷漠，甚至找来养老院的人力证默尔索人品低下，做出杀人行为是正常的。当证人的证词与检察官预设相同，便会成为呈堂证供，若不同便会被打断。当玛丽、马松表明默尔索的正直时，被当庭架了出去。检察官使得默尔索"第一次产生了愚蠢的想哭的念头"，审判的荒诞行为让默尔索无奈。

默尔索在狱中与律师面谈时，律师对他的言词不够满意，并告诉他审判时不要说话。他选择了沉默，但是在法庭中检察官说："先生们，此人，犯罪的此人是很聪明的，你们听他说过话没有？他善于应对，他清楚每个字的分量。"司法机关的人员左右着默尔索的命运，他明明是当事人，审判过程却不需要他的参与，也没有人聆听他的声音。从头到尾，他像一个彻底的局外人。最终默尔索被指控杀人，只是因为在自己母亲的葬礼上没有哭。在荒谬的审判中，默尔索被判了死刑。尽管默尔索有罪，但在法律机制中，判刑的原因远远脱离了事实。

(三) 宗教信仰的荒诞

尼采对宗教的看法是："我们否定上帝，我们否定上帝的责任，惟其如此，我们方能解救世界。"尼采的哲学思想对加缪影响深远，他们攻击基督教，并不是攻击耶稣，而是攻击披着宗教外衣的道德审判。小说中预审法官拿出宗教大旗，那么法律制定的意义又体现在哪里？作者讽刺了这种种荒谬的行为。默尔索拒绝见指导神甫，拒绝忏悔。

他深谙神甫本身代表的观念和行为方式，然而这是默尔索抗拒和不屑的。他不相信上帝，不相信这种虚无主义。默尔索意识到，神甫的话语和行为对他而言毫无意义。"人类的正义算不了什么，上帝的正义才是一切。""他本来就不是我的父亲，他到别人那里去当父亲吧。"

对默尔索而言，活着不需要任何附属意义。加缪间接地表明自己的立场：否定信仰，这是一种毫无意义甚至毫无逻辑的"虚无主义"。在消极的反抗中，默尔索坚定地说"不"，他赢得了一次微小的胜利。

（摘编自王敏锐：《加缪〈局外人〉的荒诞哲学解读》，《长春师范大学学报》2021年第3期，第122-125页）

拓展阅读：加缪《西西弗的神话》

诸神处罚西西弗不停地把一块巨石推上山顶，而石头由于自身的重量又滚下山去。诸神认为再也没有比进行这种无效无望的劳动更为严厉的惩罚了。

荷马说，西西弗是最终要死的人中最聪明最谨慎的人。但另有传说说他屈从于强盗生涯。我看不出其中有什么矛盾。各种说法的分歧在于是否要赋予这地狱中的无效劳动者的行为动机以价值。人们首先是以某种轻率的态度把他与诸神放在一起进行谴责，并历数他们的隐私。阿索玻斯的女儿埃癸娜①被朱庇特劫走。父亲对女儿的失踪大为震惊并且怪罪于西西弗。深知内情的西西弗对阿索玻斯说，他可以告诉他女儿的消息，但必须以给柯兰特城堡供水为条件。他宁愿得到水的圣浴，而不是天火雷电。他因此被罚下地狱。荷马告诉我们西西弗曾经扼住过死神的喉咙。普洛托②忍受不了地狱王国的荒凉寂寞。他催促战神把死神从其战胜者手中解放出来。

还有人说，西西弗在临死前冒失地要检验他妻子对他的爱情。他命令她把他的尸体扔在广场中央，不举行任何仪式。于是西西弗重堕地狱。他在地狱里对那恣意践踏人类之爱的行径十分愤慨，他获得普洛托的允诺重返人间以惩罚他的妻子。但当他又一次看到这大地的面貌，重新领略流水、阳光的抚爱，重新触摸那火热的石头、宽阔的大海的时候，他就再也不愿回到阴森的地狱中去了。冥王的召令、气愤和警告都无济于事。他又在地球上生活了多年，面对起伏的山峦、奔腾的大海和大地的微笑他又生活了多年。诸神于是进行干涉。墨丘利③跑来揪住这冒犯者的领子，把他从欢乐的生活中拉了出来，强行把他重新投入地狱，在那里，为惩罚他而设的巨石已准备就绪。

我们已经明白：西西弗是个荒谬的英雄。他之所以是荒谬的英雄，是因为他的激情和他所经受的磨难。他藐视神明，仇恨死亡，对生活充满激情，这必然使他受到难以用言语尽述的非人折磨：他以自己的整个身心致力于一种没有效果的事业。而这是为了对大地的无限热爱必须付出的代价。人们并没有谈到西西弗在地狱里的情况。创造这些神话是为了让人的想象使西西弗的形象栩栩如生。在西西弗身上，我们只能看到这样一幅图画：一个紧张的身体千百次地重复一个动作：搬动巨石，滚动它并把它推至山顶；我们看到的是一张痛苦扭曲的脸，看到的是紧贴在巨石上的面颊，那落满泥土、抖动的肩膀，沾满泥土的双脚，完全僵直的胳膊，以及那坚实的满是泥土的人的双手。经过被渺渺空间和永恒的时间限制着的努力之后，目的就达到了。西西弗于是看到巨石在几秒钟内又向着下面的世界滚下，而他则必须把这巨石重新推向山顶。他于是又向山下走去。

　　正是因为这种回复、停歇，我对西西弗产生了兴趣。这一张饱经磨难近似石头般坚硬的面孔已经自己化成了石头！我看到这个人以沉重而均匀的脚步走向那无尽的苦难。这个时刻就像一次呼吸那样短促，它的到来与西西弗的不幸一样是确定无疑的，这个时刻就是意识的时刻。在每一个这样的时刻中，他离开山顶并且逐渐地深入到诸神的巢穴中去，他超出了他自己的命运。他比他搬动的巨石还要坚硬。

　　如果说，这个神话是悲剧的，那是因为它的主人公是有意识的。若他行的每一步都依靠成功的希望所支持，那他的痛苦实际上又在哪里呢？今天的工人终生都在劳动，终日完成的是同样的工作，这样的命运并非不比西西弗的命运荒谬。但是，这种命运只有在工人变得有意识的偶然时刻才是悲剧性的。西西弗，这诸神中的无产者，这进行无效劳役而又进行反叛的无产者，他完全清楚自己所处的悲惨境地：在他下山时，他想到的正是这悲惨的境地。造成西西弗痛苦的清醒意识同时也就造就了他的胜利。不存在不通过蔑视而自我超越的命运。

如果西西弗下山推石在某些天里是痛苦地进行着的，那么这个工作也可以在欢乐中进行。这并不是言过其实。我还想象西西弗又回头走向他的巨石，痛苦又重新开始。当对大地的想象过于着重回忆，当对幸福的憧憬过于急切，那痛苦就在人的心灵深处升起：这就是巨石的胜利，这就是巨石本身。巨大的悲痛是难以承担的重负。这就是我们的客西马尼④之夜。但是，雄辩的真理一旦被认识就会衰竭。因此，俄狄浦斯不知不觉首先屈从命运。而一旦他明白了一切，他的悲剧就开始了。与此同时，两眼失明而又丧失希望的俄狄浦斯认识到，他与世界之间的唯一联系就是一个年轻姑娘鲜润的手。他于是毫无顾忌地发出这样震撼人心的声音："尽管我历尽艰难困苦，但我年逾不惑，我的灵魂深邃伟大，因而我认为我是幸福的。"索福克勒斯的俄狄浦斯与陀思妥耶夫斯基的基里洛夫都提出了荒谬胜利的法则。先贤的智慧与现代英雄主义汇合了。

人们要发现荒谬，就不能不想到要写某种有关幸福的教材。"哎，什么！就凭这些如此狭窄的道路……？"但是，世界只有一个。幸福与荒谬是同一大地的两个产儿。若说幸福一定是从荒谬的发现中产生的，那可能是错误的。因为荒谬的感情还很可能产生于幸福。"我认为我是幸福的"，俄狄浦斯说，而这种说法是神圣的。它回响在人的疯狂而又有限的世界之中。它告诫人们一切都还没有也从没有被穷尽过。它把一个上帝从世界中驱逐出去，这个上帝是怀着不满足的心理以及对无效痛苦的偏好而进入人间的。它还把命运改造成为一件应该在人们之中得到安排的人的事情。

西西弗无声的全部快乐就在于此。他的命运是属于他的。他的岩石是他的事情。同样，当荒谬的人深思他的痛苦时，他就使一切偶像哑然失声。在这突然重又沉默的世界中,大地升起千万个美妙细小的声音。无意识的、秘密的召唤,一切面貌提出的要求,这些都是胜利必不可少的对立面和应付的代价。不存在无阴影的太阳,而且必须认识黑夜。荒谬的人说"是",但他的努力永不停息。如果有一种个人的命运,就不会有更高的命运,或至少可以说,只有一种被人看作是宿命的和应受到蔑视的命运。此外,荒谬的人知道,他是自己生活的主人。在这微妙的时刻,人回归到自己的生活之中,西西弗回身走向巨石,他静观这一系列没有关联而又变成他自己命运的行动,他的命运是他自己创造的,是在他的记忆的注视下聚合而又马上会被他的死亡固定的命运。因此,盲人从一开始就坚信一切人的东西都源于人道主义,就像盲人渴望看见而又知道黑夜是无穷尽的一样,西西弗永远行进。而巨石仍在滚动着。

我把西西弗留在山脚下!我们总是看到他身上的重负。而西西弗告诉我们,最高的虔诚是否认诸神并且搬掉石头。他也认为自己是幸福的。这个从此没有主宰的世界对他来讲既不是荒漠,也不是沃土。这块巨石上的每一颗粒,这黑黝黝的高山上的每一颗矿砂唯有对西西弗才形成一个世界。他爬上山顶所要进行的斗争本身就足以使一个人心里感到充实。应该认为,西西弗是幸福的。

注释:
① 阿索玻斯:希腊神话中的河神,埃癸娜是他的女儿。
② 普洛托:罗马神话中的冥王。
③ 墨丘利:罗马神话中的商业神。
④ 客西马尼:福音书中所说的耶稣被犹大出卖而遭大祭司抓捕前所在的地方,位于橄榄山下。耶稣在此做最后的祷告,而门徒们都在沉睡。

（摘编自阿尔贝·加缪：《加缪代表作：西西弗神话》，杜小真译，人民文学出版社2020年版）

拓展阅读：《鼠疫》：保卫生活的故事
20世纪40年代的某一天，灾难直扑向了一个叫"奥兰"的平庸小城。一场"格杀勿论"的鼠疫訇然爆发。在一个叫"里厄"的医生带领下，人与死神惊心动魄的搏斗开始了。

混乱、恐惧、绝望、本能、逃逸、待毙、求饶、祷告……人性的复杂与多元、信仰的正与反、灵魂的红与黑、意志的刚与弱、卑鄙与高尚、龌龊与健正、狭私与美德……皆敞露无遗。

科塔尔的商业投机和受虐狂心理，他为鼠疫的到来欢呼雀跃；以神父巴纳鲁为代表的祈祷派，他主张对灾难逆来顺受，把瘟疫视作对人类应有的惩罚，最终自己竟送了命；将对一个人的爱转化为对"人"之爱的记者朗贝尔（为了远方恋人，他曾欲只身逃走，但在与医生告别的最后一刻改变了主意，毅然留在了这座死亡之城坚持战斗）；民间知识分子塔鲁，他对道德良心的苦苦追寻，对人类命运的忧患与同情，对罪恶的痛恨，使其一开始就投身于抗争，成为医生最亲密的助手和兄弟，并在鼠疫即将溃败的黎明献出了生命。他的牺牲是整场故事的所有死亡中最英勇和壮烈的一幕："无可奈何的泪水模糊了里厄的视线。曾几何时，这个躯体使他感到多么亲切，而现在它却被病魔的长矛刺得千疮百孔，被非人的痛苦折磨得不省人事，被这从天而降的、仇恨的妖风吹得扭曲变形……夜晚又降临了，战斗已经结束、四周一片寂静。在这间与世隔绝的房间里，里厄感觉到，在这具已经穿上衣服的尸体上面笼罩着一种惊人的宁静气氛。他给医生留下的惟一形象就是两只手紧紧握着方向盘，驾驶着医生的汽车……"然而，这不是普通的汽车，而是一辆冒着烟的、以牺牲的决心和怒火的照明全速冲向瘟神的战车！你完全有理由确信：正是这威猛的"刺"的形象令对方感到了害怕，感到了逃走的必要。

里厄医生这位率先挑担起"保卫生命""保卫城市""保卫尊严"这一神圣而高贵行动的平凡人，一个热爱生命、有强烈公共职责感的人道者，他不仅医术高超、正直善良，同时也是这座城市里对一切事物感觉最"正常"、理念最清醒的人。他的临危不惧，是因为受着执著的人道理性的支持，是因为他始终按照自己的信仰和原则来行事——惟有这样的人才真正配作"医生"。严格地讲，他本人对取得这场搏斗的最后胜利一点也没有把握，这说明作为正常人而不是神的真实性，但其全部力量都在于：他知道一个人必须选择承担，才是有自尊和有价值的！他知道为了尊严必须战斗！必须为不死的精神而战——即使在最亲密的战友塔鲁倒下之时，他也丝毫没有怀疑、动摇这一信念。

这信念是生命天赐于他的礼物，是地中海的波涛和阳光、是相濡以沫的母亲和深情的妻子用生活教会他的东西。他不膜拜上帝，相信天地间惟一可能的救赎就是自救！正是这峰峦般高耸的理念支撑着"奥兰"摇摇欲坠的天幕，并挽救了她。

良知、责任、理性、果决、正常的感觉、尊严意识——正是这些优美高尚的元素雕造了一个叫"里厄"的明亮的头颅。正是医生、职员、小记者这些平素名不见经传的"小人物"以自己结实的生命分量、以情义丰饶的血肉之躯筑就了"奥兰"的人文城墙。

关于"鼠疫"是否真的已经消失，小说在逼近尾声时已作了预言："里厄倾听着城中震天的欢呼声，心里却在沉思：威胁欢乐的东西始终存在……鼠疫杆菌永远不死不灭，它能沉睡在房间、地窖、皮箱、手帕和废纸堆中耐心地潜伏守候，也许有朝一日，人们又遭厄运，瘟神会再次发动它的鼠群，驱使它们选中某一座幸福的城市作为他们的葬身之地。"也就是说：鼠疫过后，还是鼠疫；奥兰亦非奥兰，实乃整个地球村。正是从这一意义上，我们认定加缪和他的作品不会过时，只要世上还有荒谬，还有现实的或潜在的"鼠疫"危险，我们就需要加缪和他的精神，他的医学方法，他的里厄和塔鲁们之"在场"。

（摘编自王开岭：《〈鼠疫〉：保卫生活的故事》，《教师之友》2003年第5期，第54-56页）

【思考与讨论】

1. 请谈谈你对加缪"荒谬"理论的理解与认识。
2. 你阅读过加缪的哪些作品？请谈谈你的读后感。

第十二章　叔本华的人生哲学思想

阿图尔·叔本华，十九世纪德国哲学家，唯意志论的创始人和主要代表。他敏锐地意识到，尽管在近代自然科学飞速发展的进程中，理性功不可没，大幅提高了人们的物质生活条件，但理性却始终无法深入人们的心灵：表面上看来，人们的每一个行为都处在理性的掌控之中，实际上人们行为的背后都是由人的本性意志在发号施令。

叔本华认为：宇宙间的一切都是表象，都是自我生存意志的表现，生存意志与表象世界的关系是本质与现象的关系。从生命意志理论出发，叔本华阐述了人生痛苦的必然性与幸福的相对性。叔本华通过反省人类自身的局限性，以一种独特的视角诠释了他对于幸福与痛苦的深刻见解。他的幸福观看似消极，实质上却包含着众多积极的因素。他启迪我们要从外在事物中获得解脱，启迪我们要重视自我人格的完善，也激励着我们不断奋发进取。

一、叔本华的生平

阿图尔·叔本华（Arthur Schopenhauer，1788年2月22日—1860年9月21日），德国著名哲学家。

叔本华生于德国但泽（今属波兰，已更名为格但斯克）一个银行家家庭，自幼性情孤僻。父亲是非常成功的商人，后因发疯，投水自杀身亡，母亲是当时颇有名气的作家，与歌德等文豪有所交往。他和母亲关系一直不好，隔阂非常深，最后关系破裂。叔本华继承了父亲的财产，一生过着富裕的生活。他能流利使用英语、意大利语、西班牙语和拉丁语。

1809年，他进入哥廷根大学攻读医学，但把兴趣转移到了哲学。以论文《论充足理由律的四重根》获得了博士学位。歌德对此文非常赞赏，同时发现他的悲观主义倾向，告诫说：如果你爱自己的价值，那就给世界更多的价值吧。

1814年至1819年间，他完成代表作《作为意志和表象的世界》。但此书发表后无人问津。他说："如果不是我配不上这个时代，那就是这个时代配不上我。"但凭借此作品，他获得了柏林大学编外教授资格。大学期间，他选择与自己认为是沽名钓誉诡辩家的黑格尔同一时间授课。黑格尔当时正处于声名顶峰，叔本华自然没成功，很快他班上就只剩两三人，他只能凄凉地离开了柏林大学。

1844年，在他的坚持下，《作为意志和表象的世界》出版了第二版，但仍无人问津。

1851年，他完成了对《作为意志和表象的世界》的补充与说明，结果就是这篇《附录与补遗》使他获得了声誉，瞬间成名。

1859年，《作为意志和表象的世界》出版了第三版并引起轰动，叔本华称"全欧洲都知道这本书"，他在最后十年终于得到了声望，但仍过着孤独的日子。

1860年9月21日，他起床洗完冷水浴之后，像往常一样独自坐着吃早餐，一切都是好好的。一小时之后，当管家再次进来时，发现他已依靠在沙发的一角，永远地睡着了。

他将所有财产捐给了慈善事业，享年七十二岁。

他曾告诉后人：希望爱好他哲学的人，能不偏不倚地独立自主地理解他的哲学。

二、叔本华的意志观

康德把世界分为本体界与现象界，他认为我们的认识受制于自身的认识能力，只能停留在现象界，现象界之外的东西我们无法认识。在康德那里，现象界之外的"物自体"是不可知的。

叔本华继承康德的思想，将世界分为本体界（物自体）与表象界，但不同于康德的物自体不可知论，叔本华认为通过内省直观而直接认识物自体。物自体即意志：意志来源于内心，出自每个人最直接的意识。世界的本质是意志，意志是万物的内在特征；一切现象、一切客体都是表象，都是意志的外在体现。

首先，叔本华将意志视为一种最为基础最为根本性的存在。生物的生存与个体间的联系都由这意志来驱动，理性只是意志的工具，在理性这一工具的帮助下我们可以求得更好的生存方式，可以让个体间的关系变得更为丰富，但是这一切出发点的基础是求生存的意志。

其次，叔本华将意志看作一种内在动力，这种动力具有永恒、冲动、不可抗拒的特征，且不受空间、时间的制约。

再有，意志是一种永无休止的盲目冲动。意志在本质上来说是没有目的、没有止境的，它是一种无尽的追求。例如，鸟类的筑巢行为既无动机也不存在认识的指导，它们完全按照自身的本能来完成这些行为。本能与理性认识无关，它是意志直接表现出的一种盲目冲动。叔本华特别强调，大自然并不存在什么目的性，一切都是由单一意志所产生的现象，我们所看到的目的性只是现象界中各个事物间的协调性罢了。

总之，叔本华的"意志论"哲学以"非理性主义"为主要特征。"非理性主义"体现在认识论上便是对"理性"的批判以及对"直观"的推崇。"意志"是一种盲目的冲动,是终极的决定性的力量,没有目的,更不存在任何理性或逻辑,这也是叔本华对以黑格尔为首的理性主义哲学的巨大反叛。

三、生命意志论:痛苦是生命的本质

作为"自在之物"的意志独立于一切认识形式之外,独立于一切"必然性"之外,是完全自由自决的。意志是一股无目的的、不竭的、不可遏制的盲目冲动。

"生命"只是一种现象,它只属于个体现象而与"意志"本身无关。"生命"只是意志在时间形式上、在个体中表出的一种现象而已。个体的生存会随着生命的结束即死亡而终结,然而个体的生灭却丝毫无损于生命意志本身,因为生命意志在时空形式即个体化生命之外。"生命意志"作为自然界一切意志现象的最本质、最根本的欲求,它是意志的一面"镜子",认识经由这面"镜子"而看到了意志,也即意志自己"认识了"自己。

因此,个人生存过程中一切行为乃至整个命运都严格地受制于作为"自在之物"的"意志"。在个人生存的整个命运上,人也必然要永远遭受盲目的、不断欲求的、永不满足、永不停息的"意志"的驱使之苦,从而永远处于痛苦之中。

人既然作为意志的客体性、作为意志现象,那么对于人而言,痛苦便具有必然性。只要个体意志现象还肯定自身、肯定意志,那么他就是作为这股"生命欲求"的客体性而存在,即作为个体意志现象的个人不是别的,就是欲求本身。因而对个人来讲,这种伴随着他的生存而产生的痛苦便是决定性的,永远不会改变、一分一秒也不会消失。

叔本华有一个形象化的论述,说人的生存如钟摆,摆动在痛苦与无聊之间。人作为意志现象，他的内在本质就是"意志"。而意志的根本特征便是一股盲目冲动，永不停息地向前挣扎。然而意志在挣扎向前的过程中却并非总是"一帆风顺"，而是时常会受到各种力量的阻碍。当意志的"向前挣扎"受到阻碍时，个体所感到的便是"痛苦"。而当个体的意志克服了阻碍实现了目标时，人又会产生满足之后的厌倦感、无聊感。于是，意志继续向前挣扎，向前奔涌，再次遇到阻碍，再次使人感受到痛苦。这种源于欲求、源于"不满足"、源于"匮乏"所产生的痛苦永无止境，只不过"痛苦"的程度依据欲求的强弱即意志表出的强弱而或强烈或微弱，但作为本质的"痛苦"是不变的。

也正因此，作为意志最高程度的、最鲜明的客体性的"人"，有着较其他一切生物来讲最为强烈的欲求，自然也就承受着最大的痛苦，这种痛苦是无法衡量的、是一切其他生物无法相比的。这种"无法逃避"的痛苦，就是意志在人的生存中本质的、内在的命运。

四、痛苦的解脱——幸福之路

1、痛苦的本质

正是由于人类欲望无限，那么痛苦必然无限，所以叔本华将痛苦作为人生为人的基本生存现象，而人们看待个人的整个人生主要也是以痛苦为出发点，不断地为缓解痛苦以求实现"所想得到的"而努力着，但之后欲望再生，痛苦又现，人生就是这样一个"痛苦—缓解痛苦—痛苦—缓解……"周而复始过程。就这样，叔本华将痛苦上升为人生观的高度。

欲志的阻抑究竟为什么能成为痛苦？这是因为欲志被阻抑便一定会产生思虑上的痛苦，而这种痛苦归根结底是一种精神，也就是说"我们最大的痛苦从根本上讲是作为抽象的概念、恼人的思虑而存在于理性中,而非当前的东西"[1]。

总而言之,叔本华将痛苦的本质归纳为一种理性、精神,并且是人类特有的,在没有精神、理性或在精神、理性未充分发展的前提下,难以谈及痛苦和幸福。比如对于无机物和动物来说,就很难说它们是痛苦着的还是幸福的。随着意志的现象愈加完美,痛苦也就日益显著……随着认识愈加明确,意识也得以发展,痛苦也就增加了,认识、意识和痛苦之间的发展成正比,人类达到了痛苦的最高境界,并且个人智力的发展程度越高,其认识会愈加明了,痛苦便会加深。越是聪明的人,感受到的痛苦程度就越高。

2、痛苦的解脱——对意志的否定

叔本华虽然认为痛苦是人生常态甚至是本原,但是借助意志的自我扬弃,即通过意志的自我否定和自我取消,化解矛盾,超越痛苦,可达到无欲无求的涅槃境界。解脱痛苦的方式,即对意志的否定包括对意志的暂时否定和对意志的绝对否定两种方式。对意志的暂时否定方式是艺术和审美,对意志的绝对否定方式是禁欲。

(1)艺术的暂时否定

叔本华把艺术看作解除人类存在的痛苦之源——无尽的欲求(意志)的一个可能途径。叔本华给予了艺术以及审美以极高的地位,称艺术为"人生的花朵"。

叔本华认为,艺术审美所认识的对象并不是表象世界中的残缺摹本,而是柏拉图所提到的那个纯粹完满的理念世界。艺术可以让痛苦的心灵得到愉悦,它可以暂时转移意志的目标,使人不再惦记着生活中的其他欲求,而是把注意力集中于艺术的观审之

---

[1] [德]叔本华:《作为意志和表象的世界》,石冲白译,北京:商务印书馆2018年版,第410页。

中。在这种轻松直观的审美活动中,主体不再受各种日常琐事的烦扰,而是专心于艺术的欣赏,沉醉于艺术的魅力之中,达到了物我一体,融自身于艺术中的忘我境界;而且在这种艺术的观审中,可以唤起意志主体对人生本质的追求。所以在这种无关利害的审美活动中,可以让人暂时从被欲望支配的痛苦中解脱出来,得到了短暂的休憩。在所有的艺术种类中,叔本华最欣赏的是音乐和戏剧中的悲剧。

但是,审美的方式并不能成为意志最终的否定方式,沉浸艺术之中只是暂时地将人从意志的控制中摆脱出来,若想从根本上消除人生的痛苦,只有对生命意志进行彻底的否定,即走向禁欲之路。只有彻底否定意志,彻底摆脱尘世的各种生存和欲望的干扰、诱惑,才能摆脱意志的束缚,超越痛苦。叔本华说:"不像圣者们那样,艺术家只是在某些瞬间把他从生活中解脱了一会儿,所以这不是使他脱离意志的道路,只是一时的安慰。"[1]只有通过圣者般的意志否定才能获得一种比审美体验更为持久的宁静。

(2)禁欲主义的否定方式

人要彻底摆脱人生的痛苦,就要从根源处解决问题。人生痛苦的根源在于欲望和生命意志的无限冲动。人们之所以被欲望裹挟前行,是因为人们承认了欲望,并对生命意志表示认同和肯定,之后又不断感受到欲望带来的痛苦。因此解决办法就是——对意志本身进行彻底否定、禁止一切欲望,断绝对世界的任何迷恋。唯有如此才可进入无我之境,达到超然状态,从而获得人生永恒的宁静与解脱,实现人生的涅槃。于是,叔本华最终将目光投向了"清心寡欲"。

"一切真正的纯洁的仁爱……都是从看穿个体化原理中产生

---

[1] [德]叔本华:《作为意志和表象的世界》,石冲白译,北京:商务印书馆2018年版,第368页。

的。个体化原理的看穿如果发挥充分的力量就会导致完整的神圣性和解脱，而神圣和解脱的现象就是上述清心寡欲无祈无求的境界。"[1] 叔本华所主张的禁欲主义是一种简朴的生活方式，是克服苦难和获得长期安宁的最有效的方法。他将禁欲主义的否定方式描述为宁静、脱离肉体欲望、超脱、自我清净剂等。

3、幸福源于痛苦的解脱

叔本华认为幸福并不是直接就有的幸福，而是通过解脱痛苦而达到的幸福，所以痛苦是幸福的来源。简单来说，解脱痛苦之后就是幸福。

一般的幸福就是欲望和意志的满足，它源于痛苦的暂时中止，它不会长久地伴随着人的生活，生存的本质就是不断地克服痛苦，在痛苦中把握短暂的幸福时刻。尽管通过自身的努力，我们获得的幸福是有限的，但却给我们带来了进步的动力和心灵的安慰。这就告诉我们，幸福是要通过不断的努力才能够获得的，虽然短暂易逝，但却对生活具有重要的意义。所以，我们要不断提高在痛苦中把握幸福的能力，只有这样，我们才会在经历一番痛苦的挣扎后感受幸福的不易，才会珍惜人生每一次难得的幸福时刻。

永久幸福的途径是否定意志。对人而言，在意志的驱使下，幸福是永远不可能的。而要想获得人生的幸福，就必须得否定意志。叔本华认为，禁欲是否定意志的方式，即我们可以用一种空无的意欲来压倒其他形式的欲望，这样意志就变成了空无的状态，这空无的意志就不会引起我们自身的痛苦。叔本华在这里想要告诉我们的是：人作为具有高级理念的表象，当追求欲望的过程中感到痛苦不堪，却又难以企及时，我们就要发挥自身的理智，通过理智的认识辨别欲望的难易程度，如果真的穷尽一生都无法满

---

[1] [德]叔本华：《作为意志和表象的世界》，石冲白译，北京：商务印书馆 2018 年版，第 523–524 页。

足时，我们就要主动地压制欲望，或者转移欲求的目标，这样一来，生活就没那么痛苦了。

再有一点，也是必须申明的是：对生命意志的否定不同于自杀。叔本华对通过自杀来否定意志的行为是极力反对的，他认为自杀不是对意志的否定，而恰恰是对意志最强烈的肯定，自杀的目的是否定意志，但其结果是对意志的肯定，因为自杀只是一个个体的消亡，而不是意志本身的消亡，所以自杀不能否定意志。

总之，叔本华告诉我们：人生的本质是痛苦，我们必须反省自身，发现自身的内在价值，有远见地进行自我拯救，最重要的是要平衡幸福和痛苦之间的关系。正如叔本华所言"人生的幸福，主要来源于自身"，我们人类具备将痛苦转化为幸福的能力，我们可以在悲观世界中生长出积极的萌芽——放下不切实际的欲求，平衡自身需求与欲望之间的关系，从而将自己从悲剧人生中拯救出来。从某种意义上说，叔本华的悲观主义其实是一种深邃幽远的乐观主义，通过悲观，超越痛苦，我们实现了从人性向神性的跃升。

五、《人生的智慧》

《人生的智慧》（取自叔本华的《附录和补遗》）是叔本华的晚年之作，此著作从世俗、实用的角度以其精确流畅的语言，深入浅出地谈论了世事人情和待人接物应遵守的原则，教导人们如何理解生活的本质以及如何在生活中获得幸福。

叔本华的悲观主义哲学是宏观的、抽象的、形而上的，而叔本华的幸福论是微观的、具体的、形而下的。我们从中可以看出叔本华的人生哲学是充满痛苦和幸福辩证法的，是面对痛苦人生时如何获得幸福生活的智慧。

1、人为什么会感到幸福——人有思想、感情

人是有思想、感情的存在物。人所特有的思考、记忆、想象和预见能力，既可以使人幸福或痛苦着现在，也可以使人幸福或痛苦着过去和将来。

痛苦和幸福是相伴而生的，思想、感情越丰富，给人带来的痛苦可能越多，同时感受到的幸福也可能会越多，痛苦的感受也能使人更加珍惜来之不易的幸福生活。生活的经验告诉我们，一个人要想不断地感觉到幸福，甚至在痛苦的时候也能感到幸福，那就需要有一种化痛苦为幸福的智慧，这只有思想、感情达到一种境界的人才能做到。因此，叔本华认为，同样的外在事物，同样的境遇，思想、感情的境界不同，对世界的理解不同，对幸福的感受不同。

2、什么是幸福——幸福不是寻求快乐而是减少痛苦

叔本华认为，幸福的生活，应被理解为减少了许多不幸，而不是寻求了多少快乐，生活并不是让我们享受的。就是说，衡量一个人生活是否幸福的标准，不应该是他得到了多少快乐，而应该是他减少了多少痛苦。一个人如果一生没有遭受太多的肉体上或精神上的痛苦，就是幸运的人生了。

叔本华认为"幸福"与"痛苦"是紧密相接的，幸福具有短暂性特征。意志目的的实现即幸福，而欲望的无穷性使得人始终处于痛苦中，只有目的实现的瞬间人才会感受到片刻的幸福。在欲望的不断驱动下，幸福就不会持久，安宁也不会常在，获取幸福后随之产生新的痛苦。

3、幸福的条件——内在条件高于外在条件

对于幸福起首要作用的是内在条件，内在条件包括个性、健康、精神智力及潜在发展等。叔本华认为，一个人要想获得幸福，必须具备良好的个性，健康的身体，丰富的精神以及高级的潜能，

一句话，"健康的身体加上健康的心灵"。

关于健康身体，叔本华认为，对于一个人的幸福，健康的身体是头等重要的，我们的幸福百分之九十依赖于我们健康的身体。叔本华指出，愉快的心情是从健康的身体里长出的花，身体健康是压倒一切外在的好处，甚至健康的乞丐也比染病的君王幸运。"最大的愚蠢也就是为了诸如金钱、晋职、学问、声名，甚至为了肉欲和其他片刻的欢愉而献出自己的健康。我们更应该把健康放在第一位。"[1] 为此，叔本华提醒人们一定要注意锻炼身体，他指出，生命在于运动，我们身体的内部组织即五脏六腑处在永不停息的运动之中，我们身体的外部运动一定要与内部组织的运动相配合、相一致，如果我们不进行外在的运动，就会与内在的运动形成严重的不协调。

关于心灵健康，叔本华认为健康的身体加上健康的心灵才能生出幸福的花。人的心灵特质用两个字来说就是人格，健全的人格是幸福与快乐最根本和最直接的影响因素。聪明的头脑、爽朗的精神、乐观的气质以及高贵的天性等，是幸福的第一要素。叔本华在书中写道："如果你一直笑，那么你就是个幸福的人；如果你一直哭泣，那么你就是不幸福的。"虽然是非常简单的几个字，甚至近乎老生常谈，但就是因为它的简单才让我一直铭记在心。所以当欢愉的心情来叩动你的心门时，你就该无限地敞开你的心门，让愉快和你同在。

和幸福有关的外在条件包括财产特别是金钱，以及名誉、地位和名声等。关于财产，叔本华认为，财产是人获得幸福的重要物质条件，但同时他又指出，财产的绝对数量并不是带给人们幸福的指数标准，这和人们对财产的期望值有关。物质因素是人获

---

[1] [德]叔本华:《人生的智慧》，韦启昌编译，北京：中央编译出版社2011年版，第16页。

得幸福的必要条件,而非充分条件,当基本的生存需要得到满足后,"幸福指数"并不一定会随着物质财富的增加而增加,相反有可能出现递减的状况。"财富犹如海水:一个人海水喝得越多,他就越感到口渴。"[1]

名誉、地位和名声是任何一个正常人都会看重的东西,是人获得幸福的重要条件。叔本华又分析了过分追逐名誉、地位和名声是人们常犯的错误。几乎所有人一生对名誉、地位和名声的过分追求都是为了让别人对自己刮目相看,其实,这些东西没有太大的价值,相反,会有损于我们的幸福。把别人的意见和看法看得太过重要是人们常犯的错误。……这一错误对我们的行为和事业都产生了超乎常规的影响并损害了我们的幸福。真正让我们幸福的并不是名誉、地位和名声本身,而是借以获得名誉、地位和名声的成绩、贡献本身,特别是产生出这些成绩和贡献的思想和能力。

叔本华认为,虽然人的幸福是内在条件和外在条件相互作用的结果,正如共同构成水的氢和氧,缺一不可,但是,内在条件高于外在条件对幸福起首要作用,外在条件的作用是第二位,而且外在条件需要通过内在条件才能发挥作用。叔本华把人获得幸福比作相机拍摄风景,人自身是相机,人自身之外是风景,再美的风景如果没有一部好相机,也拍不出美的图画。他说:"属于主体的东西比起属于客体的东西距离我们更近,如果客观事物真要发挥出什么作用的话,无论其作用为何,那永远都是首先通过主体才能发挥作用。因此,客观事物只是第二性的。"[2] 我们认为,

---

[1] [德]叔本华:《人生的智慧》,韦启昌编译,北京:中央编译出版社2011年版,第46页。

[2] [德]叔本华:《人生的智慧》,韦启昌编译,北京:中央编译出版社2011年版,第35页。

人不仅是一种物质存在，更是一种精神存在，当物质生活日渐改善，人的精神生活就会要求更高。只有心灵生活的充实和安宁，才能最终避免内心世界的空虚和迷茫。因此理性处理物质财富与精神丰盈的关系，是决定人生幸福的关键因素之一。

4、走向幸福人生的途径[1]

叔本华告诉我们，幸福的真正源泉是我们自己。想要获得幸福，就得从改变自己、完善自己的人格做起。

（1）学会满足。

由上文的叙述可以发现，叔本华认为人的一生从根本上来说是痛苦和悲观的。幸福即人的欲望得到满足是暂时的，而痛苦即人的欲望得不到满足却是永恒的。那么，获得幸福的保险方法就是要学会满足，降低对幸福的期望值。幸福不仅仅代表拥有快乐，它更是一种在深刻理解痛苦与无聊之后而获得的一种超脱与豁达。

因此，幸福就意味着我们必须限制对这个世界的期望和要求，不要总是着眼于我们所拥有的财富、地位、名誉等，而是应该把生活的目标瞄准在避免痛苦，远离苦难、灾祸和匮乏上，把对外在之物的追求调至一个"节制""适宜"的尺度。但这并不意味着从此人生就没有任何痛苦，只是这样一来，可以减少痛苦。因为"一定的焦虑、痛苦、烦恼对于每个人来说，在任何时候都是必要的。一条航船如果没有压舱物，它就不能保持平稳，也就无法正常行驶，人生同样如此。"[2]

（2）充实自我的精神世界。

叔本华认为，一个拥有饱满精神世界的人，才是一个能称得

---

[1] 叶紫儿、沈悦:《浅论叔本华的幸福哲学》,《赤子》2015年第14期，第325页。
[2] [德]叔本华:《叔本华的人生哲学》,唐译编译，长春:吉林出版社2013年版，第55页。

上幸福的人。那么，如何才能充实我们的内心呢？叔本华给我们指明了方向——思考。当我们在思考时，我们的所思所想不再属于书本上那些或泛泛而谈，或抽象深奥，或晦涩难懂的理论，他们真正地属于我们自己并且鲜活生动地存在于我们的脑海之中。通过一次次的思考与积累，我们的思维能力、判断能力、概括能力也相应地得到了发展。在思考的世界里，我们才有可能获得真正的成长，真正的自由，真正的幸福。就像叔本华说的："只要是没有思考，我们还仍是奴隶，我们臣服于权威之下，卑微地生活，而只有摆脱了权威的阴影，我们才可以谈论幸福。"

（3）追求一种健康、简朴、自由的生活方式。

叔本华认为，只有健康的身躯才能绽放出快乐的花朵。一个疾病缠身的人，他的幸福是无从谈起的。因此，我们应当尽力呵护我们的健康，千万不要等到永远失去它后才追悔莫及。我们"应该避免任何方式的过度放纵自己和压抑烦闷的情绪，也不要太束缚自己，经常做户外运动、冷水浴并遵守卫生原则。"

正所谓"欲壑难填"，拥有越多的欲望，反而越不能获得满足。面对财富，一定要记得克制自己的欲望，以一种平常心来看待。不幸福之人，总是过于看重这些身外之物，殊不知在追求财富的过程中却损害了自己的健康。换个角度来看，选择一种简朴的生活又有何不好呢？没有诱惑，也没有压力，反而能体会到那种最原始、最纯粹的幸福的味道。

所谓"自由"，应该就是不受一切外在的束缚吧！叔本华认为，人只有在这个浮躁的世界中安静下来，关照自己的内心，享受孤独，才能真正找到自己内心的平衡。他说："天才往往比一般的人更需要独处，在安静中完成他的思索，所以，这类人是喜欢孤独的，闲暇是他的至爱。"独处时刻，应该是我们用来反省自我、探索新知的，灵魂与精神自由的彼岸也许就是幸福！

六、叔本华生命意志论的当代启示

"自在之物是意志"是叔本华哲学的核心命题。意志作为世界的内在本质,是表象世界的支撑与归宿。人具有完美的认识能力,是意志最高级别的客体。唯有人具有认识自己的可能,即认识"意志"的可能,而这种认识也就是意志自己认识到自己。可以说,叔本华的生命意志论确立了人作为自由和欲求的主体,进而把理性视为服务于人意欲的工具,即使是在今天仍然具有较为强烈的现实意义。例如,当今的人工智能能够模拟人的思维方式并超越人的思维能力,甚至还能模仿人的各种情绪,但不论怎样它都只是人的理智工具,不会有真正的意欲,更不会成为拥有自由与本质的先验意志的独立主体。

叔本华的生命意志理论,通过对欲求发展过程的剖析,揭示了痛苦产生的根源。这样的结论或许有几分悲观,但不得不承认"一切生命在本质上即是痛苦"。包括人在内的一切意志现象,其生存的本质便是一种无法摆脱的痛苦,这种痛苦只会随着时间、空间以及各种不同的因果联系而转变不同的形态,只是会在人的一生中伴随其生存的各个阶段、各种境遇和条件而表现出各种不同的形象,但痛苦本身是绝对不会产生任何变化的,因为人是千百种需要的凝聚体。

面对这样一个痛苦的世界,人该怎样生存下去呢?人是否可以选择自己的生存方式呢?在生命意志客体化中,人有两种可能的选择,一是顺从生命意志即生命意志之肯定,二是反抗或否定生命意志即生命意志之否定。叔本华坚定地选择了后者:直面生命的本质,默默承受,活在当下,在自我反省中成熟和成长。"世界是我的表象""世界是我的意志",最终起决定作用的是人自己最内在的本质。于是，减少和避免痛苦，寻求幸福，便是叔本华人生哲学的旨归。

叔本华告诉我们，追求幸福的生活不是为了获得多少幸福快乐，而是避免多少不幸和痛苦。生活的本质不是为了让我们寻求享乐，而是在痛苦中学会生活，只有那些经历过痛苦依然把生活经营好的人才更明白什么是真正的幸福。这正如法国作家罗曼罗兰所说"世界上只有一种真正的英雄主义，那就是在认清生活真相之后依然热爱生活"。

叔本华还告诉我们，能够让我们免于这种痛苦的手段，莫过于拥有丰富的内在——丰富的精神思想。因为人的精神思想财富越优越和显著，那么留给无聊的空间就越小。幸福就是在生存无忧的情况下，保持心灵的宁静与和平，在自身寻找人生的乐趣，而不是沉醉于短暂的消遣或廉价的社交，也不是靠金钱、声誉等外在的刺激。

叔本华说过："我们应该珍惜每一刻可以忍受的现在，包括最平凡无奇的、我们无动于衷地听任其逝去，甚至迫不及待地要打发掉的日子。"可能过去的生活是痛苦的，灾祸也许即将发生，不幸也许时常陪伴着我们。但是我们依旧要好好享受当下，把握此时此刻，才是对人生最好的安排。

【思考与讨论】

1. 你如何理解和评价叔本华的生命意志论？
2. 你如何理解和评价叔本华的幸福论？
3. 你如何理解和评价叔本华"痛苦是生命的本质"这一观点？

第十三章　尼采的人生哲学

弗里德里希·威廉·尼采（Friedrich Wilhelm Nietzsche，1844年10月15日—1900年8月25日）。尼采在打破苏格拉底以后的西方理性主义和基督教传统的基础上，高呼"上帝死了"，提出重估一切价值的宣言，试图摆脱基督教上帝的束缚，关注当下的人的价值，进而凭借自己的强力意志达到"超人"境界。尼采既是极富争议性的哲学家，也是其时代伟大的思想家。他推翻了他之前的理性主义哲学传统，影响了他以后的几乎所有主要的哲学流派。

一、尼采的生平

1844年10月15日，弗里德里希·尼采出生于普鲁士萨克森吕岑附近的洛肯村的一个牧师家庭。据说他的祖先七代都是牧师。他的父亲名叫卡尔·路德维希·尼采（Carl Ludwig Nietzsche），曾任普鲁士王国四位公主的教师并处于普鲁士国王的庇护之下，是一位新教牧师。尼采的母亲是一位虔诚的新教徒，名字是弗兰切斯卡·奥勒（Franziska Oehler）。尼采是他们的长子。尼采还有一个妹妹和一个弟弟。他的妹妹出嫁后叫伊丽莎白·福尔斯特-尼采（Elisabeth Forster-Nietzsche），后来成为著名的尼采著作编注家。他的弟弟在两岁时就夭折了。

1858年10月尼采进入瑙姆堡附近的普夫塔文科中学学习。

1864年10月尼采进入波恩大学攻读神学和古典语文学。1865年10月转学到莱比锡大学继续攻读语文学。阅读叔本华的

《作为意志和表象的世界》，深受其影响。

1866年尼采开始与同学埃尔温·洛德结为好友。1868年11月8日在莱比锡结识理查德·瓦格纳。

1869年2月尼采被巴塞尔大学聘为古典语文学副教授。此后的十年是尼采一生中相对愉快的时期。在巴塞尔，他结识了许多朋友。5月17日首次到卢塞恩城郊的托里普森拜访瓦格纳。5月28日在巴塞尔大学发表就职演讲，题目是《荷马与古典语文学》。

1870年，尼采创作《悲剧的诞生》（1872年1月出版）。3月被任命为正教授。8月以志愿看护兵的身份参加普法战争，之后被传染上白喉和痢疾。10月因病退役，回到巴塞尔大学。

1872年2—3月尼采在巴塞尔大学做题为《我们教育设施的未来》（后作为遗著出版）的演讲。1873年，创作《不合时宜的考察》第一部《忏悔者和作家大卫·施特劳斯》和《希腊悲剧时代的哲学》（未完成，其片断作为遗著出版）。1874年，创作《不合时宜的考察》第二部《论历史对人生的利弊》和第三部《教育家叔本华》。1876年创作《不合时宜的考察》第四部《瓦格纳在拜洛特》。10—11月在索伦特同瓦格纳最后见面。1878年，创作《人性的，太人性的》的第一部。

1879年尼采病重，辞去巴塞尔大学教职。

1880年尼采创作《漫游者及其影子》《人性的，太人性的》的第二部。3—6月首次在威尼斯逗留。11月开始首次在热那亚过冬。

1881年，尼采创作《曙光》。首次在瑞士恩加丁高山疗养地西尔斯-玛丽亚度夏。1882年，创作《快乐的科学》。1883年，创作《查拉图斯特拉如是说》第一、二部。1884年，创作《查拉图斯特拉如是说》第三部。1885年，创作《查拉图斯特拉如是说》第四部。1886年，创作《善恶的彼岸》。1887年，创作《论道德的谱系》。

1888年4月尼采首次在都灵逗留。5—8月创作《瓦格纳事件》《酒神颂》(1891年出版)。8—9月创作《偶像的黄昏》(1889年1月出版)。9月创作《反基督的人》(1894年出版)。10—11月创作《看哪这人》(1908年出版)。12月创作《尼采驳瓦格纳》(后收入全集出版)。

1889年1月尼采在都灵精神错乱,送往耶拿大学精神病院。尼采进入了他生命的最后十年。

1900年8月25日,尼采病逝于魏玛。在尼采死后不久,妹妹伊丽莎白将他留下的一些笔记整理为《权力意志》一书出版。

二、重估一切价值

"重估一切价值,这就是我给人类最高自我觉悟活动的公式,这一活动在我身上已经成为血肉和精神了。"[1]"重估一切价值"是尼采思想的重要组成部分,它颠覆了整个西方文化。

1、尼采"重估一切价值"思想的形成背景

尼采"重估一切价值"思想的形成有特定时代背景和理论背景。19世纪30年代,德国开始工业革命,到19世纪80年代基本完成。1871年,德意志帝国建立。之后,德国高速发展,很快超过欧洲其他国家。机器大工业提高了劳动生产率,促进德国生产力飞速发展。资本主义发展给社会创造了巨大财富,极大地提高了人们的生活水平。同时,它也造成人们精神空虚,并且日益严重。各种社会矛盾不断激化使人们精神上更加空虚。

在金钱诱惑下,人们被迫遵守规章制度,忍受资本家的剥削和压迫,精神压力极大。在商品化的资本主义社会,利益是人们

---

[1] [德]尼采:《瞧,这个人》,孙周兴译,北京:商务印书馆2016年版,第79页。

追求的唯一目标。人和人之间尔虞我诈，缺乏信任，彼此间的关系越来越疏远。这些都极大地触动了尼采。他认为虚无主义正是在这样的环境中产生并且不断发展的。所以，必须对原有的一切价值进行重估。只有这样，人们才能充实起来。

在思想文化方面，浪漫主义文学思潮对尼采影响很大。浪漫主义倡导"自由、平等、博爱"，力求张扬自我，实现人的独立自由发展，对理性主义进行批判。尼采在批判理性主义思想的同时，也继承了前人的非理性主义思想，主要包括古希腊罗马哲学中的非理性主义思想，休谟、康德、费希特、谢林等近代思想家的某些非理性观点，以及叔本华的非理性主义思想。对尼采影响最大的是叔本华的生命意志论，尼采重估一切价值思想就源于叔本华的权力意志说。在叔本华看来，"世界是我的表象"，人的一切行为是由意志活动支配的，意志活动不是感性和知性，而是一种原始生命力。意志只在行为活动中现身，是一种非理性欲求，并且无法被克服，表现出来就是人的行为。

尼采这样描述读叔本华《作为意志和表象的世界》的感受：我是叔本华的这样一种读者之一，在读到了他的一页著作之后，就确定无疑地知道会把这本书从头到尾读完，并且会着迷似地听取他所说的每一个字。我立刻对他建立起充分而完全的信赖。尼采把叔本华称为自己的"老师"。他在批判理性主义的同时，继承前人的非理性主义，并通过探索形成自己的哲学思想。

2、尼采"重估一切价值"思想的主要内容

重估一切价值，本质就是彻底反思西方文化。尼采重估一切价值的目的是与他的强力意志联系起来，使自己更强大，成为超人。既然要重估，就得有一个标准。"迄今为止它们是阻碍还是促进了人的发展？它们是否是生活困惑、贫困、退化的标志？或者与之相反，它们自身就显现了生活的充实、力量和意志，或是显现了生活的勇气、信心和未来？"[1]尼采认为重估一切价值应以是否有利于实现权力意志和超人为衡量标准。若不利于，就应当放弃。

价值一词对尼采至关重要，尼采所言的价值是生命的条件，在尼采看来，价值不是与道德或美学有关的一个词语，而是与生命紧密相关的。因而，价值状况也就是生命情况。重估一切价值，意味着重新评价我们赖以生存的环境。而生存环境所包含的内容是十分宽泛的，所以重估一切价值也就包括了西方文化的各个方面。尼采主要是对道德、宗教和科学三方面进行了重估。

（1）对道德重估

尼采认为道德来源于强力意志。在他看来，道德有主人道德、奴隶道德两种。主人道德是较高层次的人的道德，他们通过不断努力实现自身价值，属于强者道德。其特征是努力向上，追求新事物。奴隶道德是软弱无力的人的道德，其特征是把同情和忍让看成一种美德，把强者看作自己的敌人。这里所说的"主人"和"奴隶"并非现实生活中的阶级划分，而是指较高层次和软弱无力这两种不同类型的人。

尼采排斥一成不变的道德体系，因为它代表一种消极的生活方式，扼杀生命活力。于是尼采提出消除道德以促进生命解放。其实，尼采真正反对的并不是道德本身，只是反对抑制生命力的道德，即奴隶道德。这种道德束缚人类发展，阻碍历史前进。因此，要毁灭这种道德，使自己不断强大，成为超人。

（2）对基督教重估

尼采极力反对奴隶道德，而基督教又对奴隶道德的形成有着巨大影响，所以他对基督教展开了猛烈批判。

---

[1] 赵林：《尼采"重估一切价值"思想研究》，《重庆与世界》2015年第9期，第36-39页。

基督教要求人们敬仰上帝、爱护上帝，把上帝当作一切，生命的意义也须以天国为寄托。基督教推行禁欲主义，压抑人性发展，不利于社会进步；基督教认为人生来就犯有原罪，每天的生活都是在赎罪，所以要用罪恶感严格约束自己，使生活失去原有意义，等等。

因此，尼采认为基督教是一种颓废的宗教，它不但不能改善人类生活，反而加快社会倒退的步伐，使人类失去自我。他用最严厉的话语抨击基督教："我反对基督教，我以责难者中最严厉的责难来反对基督教，我觉得它是所有想象的堕落中最坏的堕落，它具有最彻底的堕落意志。"[1]

（3）对科学重估

尼采重估一切价值思想的重要组成部分之一是对科学的批判。在尼采这里，科学指人类全部知识的综合。也就是说，尼采批判人类的一切知识。而人类原有知识体系又是以极端理性主义为基础的，它是理性活动的结果。尼采严厉批判这种理性主义知识观，主张把知识从一种纯理性活动变成充满生命的活动，使其成为生命的象征。尼采打破理性主义的框架，为非理性的生存争取空间。

尼采之所以对科学进行重估，是因为科学并非万能的，它有局限性。第一，科学是对事实的认识，而不是对存在的认识。第二，科学上的明确性并不是真正的可靠性。第三，科学无法为生活设立目标。第四，科学无法回答其自身的意义问题。尼采认为，既然科学本身有无法克服的缺陷，那理性并不是最可靠的，而运用非理性则可以解决这些问题。

当然，尼采对科学进行重估、批判理性，并不是全盘否定理

1　[德]尼采：《尼采文集（第12卷）》，李昆译，北京：京华出版社2000年版，第366页。

性和科学。他只是用非理性作为武器来对抗理性，以制约它的"独裁统治"。尼采认为，由于人们对理性的盲目推崇而导致的"理性至上"主义，容易扼杀人的个性和自由，使人走向异化。如果人们把科学作为最高价值目标，容易忽略科学技术带来的负面效应，进而导致自身价值的丧失。

3、尼采重估一切价值的当代启示

尼采哲学思想中虽然有唯心主义、形而上学思想，但是他的哲学贡献是不能抹杀的。其思想中存在一些瑕疵是不可避免的，但是他的思想对整个人类社会的进步具有伟大的意义。

首先，尼采的哲学思想批判了理性主义认识的片面性。理性主义在西方哲学史上有着极为悠久的历史和重要的地位，认为理性是最高的道德的基础，但是尼采以敏锐的眼光观察到了它的不足。

其次，尼采还敏锐地揭示了非理性的作用。传统的哲学都特别重视人类的理性，但是尼采大胆地发现人类的本能思想，像意志、欲望、激情等情感对人类的发展和进步有着不可抹杀的影响。尼采把意志、欲望、激情等情感提高到了极为重要的地位，这对当时的哲学产生了一定的震动。

再次，尼采还揭示了非理性认知形式的作用。在理性主义占主导地位的哲学史上，非理性认知长期受到了忽视。

最后，尼采的哲学肯定了认识主体的能动作用。尼采的强力意志思想就是充分肯定人的感性作用，一切的意志东西都是人类感性的作用，尼采充分肯定了人类的主观能动性，这对后世哲学的发展具有进步性的意义。

三、超人哲学

1、尼采"超人"思想产生的时代背景

生活在 19 世纪末期欧洲的尼采,接受了文艺复兴和启蒙运动的洗礼,经历了第二次工业革命的变革和资本主义向帝国主义演变的现实。当其他人看到了权利与安全的时候,尼采却以预言家的洞察力,看清了风雨飘摇的社会本质,看到了现代人所信守的价值支撑即将崩塌,预言一个虚无的时代即将到来。

尼采认为,哲学家不应受所处时代主流价值观念的束缚,而应勇于打破神性之光永恒照耀的不灭神话,摆脱宗教的束缚,应从信奉基督教上帝转向对人自身价值问题的关注。虽然科技不断进步,但人们的精神逐渐虚无;尽管基督教和理性派鼓吹"上帝"和"真实世界",但已暴露其伪善性。

达尔文进化论强调物种进化但忽视了人与动物的区别,因而扼杀了人的本质。尼采自信地高呼"上帝死了",需要重估一切价值,探寻人之为人的真正价值,人人都应成为"超人"。这无疑给被宗教黑暗笼罩下的人和社会带来了冲出黑暗隧道的光亮。

2、尼采"超人"思想产生的历史根源

西方理性主义由于过分强调理性的作用,致使人的价值在理性主义传统形而上学的影响下被完全掩盖,人的主体地位虽得以承认并获得基本体现,但人必须要接受并服从于纯粹的理性以及作为理性体现的现实世界。

理性主义的传统形而上学犹如精神鸦片,受它影响越深越容易受它支配,越缺乏自由和创造,就会日益丧失自己原始的生命力和主体价值。基督教传统文化大肆宣扬上帝是全知全能全善的神,是神圣不可侵犯的主宰,是一切善恶和价值的评判标准,宣扬"苦痛世界"和"生而有罪",把人看成是"负罪"的奴隶,要求人们不可怀疑地进行祈祷、赎罪,以洗清前世的罪恶,从而达到支配人的伪善目的。这就扼制了人们挣脱现实黑暗、精神空虚的激情与意志,使人成为失去自己的自我。

尼采看到一般大众的境况后,毫不掩饰自己精神贵族的立场,对哲学家虚构的理性主义和基督教传统大加批判,试图唤醒人们的本真,超越现存的状况,向更高更有意义的方向发展,以达到"超人"的状态。

3、"超人"内涵解析

(1)何谓"超人"?

"超人"一词首次出现在尼采的《查拉图斯特拉如是说》一书中,但即使翻遍全书也找不到关于"超人"的确切定义。

在书中,尼采把"超人"隐喻为大地、大海和闪电,为我们理解"超人"提供了依托。

首先,"超人"是大地。"瞧,我是教你们做超人。超人就是大地的意思。你们的意志要这样说:让超人就是大地的意思吧!我恳求你们,我的兄弟们,忠实于大地吧,不要相信那些跟你们侈谈超脱尘世的希望的人!"[1]"回归大地"也就是回归真实的生命,扎根于大地。超人便是那大地的意义。人所处的现实世界是生成、流变的世界,在这个世界中充满了各种视角和力的冲突,这样一个充满矛盾的世界是人必须直面的东西,要想在这个易逝、流变的世界中保持自己的存在,人需要付出艰苦的努力,承担诸多痛苦和责任,并且这个重担只能由人类自己独自承担。上帝死后,"超人"代替了虚幻的上帝。尼采呼吁大家,不要对基督教彼岸世界抱任何幻想,而是要为实实在在把我们托起在地面上的

---

[1] [德]尼采:《查拉图斯特拉如是说》,钱春绮译,北京:三联书店2014年版,第9页。

大地守忠诚。

其次,"超人"是大海。"注意,我教你们做超人:他就是大海,你们的极大的轻蔑会沉没在这种大海里。"尼采认为基督教伦理中的快乐和幸福是建立在别人的痛苦和贫困的基础上的,到处充斥着污秽的东西,只有通过大海强力的吞没和荡涤能力才能清除种种肮脏之物,方可凸显"超人"的洁净和活力。

最后,"超人"是闪电。"注意,我教你们做超人:他就是这种闪电,他就是这种疯狂!"尼采认为基督教的传统在人们心中已经根深蒂固,只有闪电这种具有强大破坏力的事物才能舔净人们心中的污秽,才能唤醒人们的蒙昧。超人的诞生正如春日的一声惊雷,惊醒了世间昏昏欲睡的人们,带给生命以全新的价值评判标准。

总之,"超人"就是如同大地、大海和闪电一样以强力意志破坏旧传统、旧道德,重构新价值、新生命和肯定人的价值存在的人。

(2)"超人"的特点

"超人"在尼采眼中是内涵丰富、价值崇高的人。其真义是指,现实生活中的人不断升华自己的意志,超越现存的价值标准,追求自身的自由以向更高的方向发展。这个追求更高方向的人就是"超人"。

第一,"超人"具有可塑性。超人必须不惧艰险,必须首先彻底摆脱一切传统观念的束缚。尼采曾说:"我们人类是唯一的这样的创造物,当其有错误时,能够将自己删改,如同删掉一个错误的句子。""我们应该将自己看作一个变量,我们的创造能力在有利的环境下甚至可以达到前所未有之高度。"[1]

---

[1] [德]尼采:《朝霞》,田立年译,上海:华东师范大学出版社2007年版,第291页。

由此可见，一个能够成为"超人"的人，首先就要有可塑性。一个具有可塑性的人能够以最快速度抛却原有价值观念、文化传统的影响，评估新的价值，超越原己，成为"超人"。

第二，"超人"具有自由性。尼采所说的自由是非超验的自由，其内涵包括创造生命价值的自由、追求人生境界的自由和超越善恶的自由。"人既无超验的本质，也无超验的自由或不自由，因而也就有了非超验的自由。"拥有非超验自由的人，即使身处恶劣之环境也能够逾越束缚的思维鸿沟，也可重估生命的价值，追求灵魂的自由，从而达到"超人"。

第三，"超人"是强者。那些超越并破坏了传统道德观念和一切旧的价值观束缚的人，他们都有着强大的生命力和意志力。尼采在《道德的谱系》中构造了一个次序：动物（猴子）、人类、"超人"。我们是人类，"超人"之于人类，就像我们人类之于动物（猴子），人类被置放在中间，在动物与"超人"之间。尼采说，人类是一根系在动物与超人之间的绳索。

第四，"超人"具有超越性。"超人"是人的自我超越，是人类追求价值的更高阶段。人类需要被超越，需要打破禁锢，去追寻和实现生命本有的多种可能性。而"超人"将代表身体、智力和情感力量发展和表现出的最高水平，"超人"是真正自由的人，将体现对生命价值的自发超越。历史不会自发地向抽象、发达的"人性"演变，而是超越当前的精神境界，渴望带领人们走出黑暗隧道的"超人"的出现，"超人"就是人类憧憬的理想状态。

总之，尼采笔下的"超人"既不是神，也不是一种幻想，是一种现实生活中的人成为人的过程，这一过程的达成可以是自由创造或者自我超越。这种积极的人生观与颓废遁世观相对应，旨在激励人们不惧艰难、开拓进取。

4、实现"超人"的途径

人要成为超人，必须要经历精神的三种蜕变：由骆驼的"你应该"到狮子的"我想要"再到孩童的"我是"，即从传统形而上学"你应该"的道德设定到自由的思想再到生命的原始冲动这样一个蜕变过程。人要成为超人必须经历三个阶段：

首先，要摆脱传统道德价值观念的束缚。代表传统价值的巨龙对骆驼说："凡是有价值的东西都在我身上闪耀"，"一切价值都已被创造……不应该存在'我想要'什么了"。[1]这里的价值是指传统形而上学的、基督教的价值，是衰败、颓废的价值，它只会使世界陷入虚无状态。骆驼就是那身负重荷的人类，这副重担他已担得太久，并为之付出了高昂的代价，要成为超人必须要首先卸下这重担。面对最荒寂的沙漠，它选择变成狮子，征服自由，做沙漠的主宰。

其次，要获取自由，做一个自由的人。自由之人可以自主决定自己所要做的事情，但他还无法创造新的价值，自由只是代表他具备了创造新价值的潜力，这只是蜕变成超人的必要基础和前提。

再次，要回归生命的原点。回归生命的原点也就是要做一个孩童，"孩童是天真与遗忘，一个新生，一个游戏，一个自转的轮子，一个初始的动作，一个神圣的肯定"。孩童代表着最原始的生命冲动，人类要以此为基础走向超人。在《查拉图斯特拉如是说》的结尾处，当他听到狮吼声之后说："也罢！狮子回来了，我的孩子离这儿不远了，查拉图斯特拉成熟了，我的时辰到了——此刻是我的黎明，我的白昼开始了。"这意味着超人即将诞生，那个代表着新的意志和希望的孩子就是超人。但尼采认为，从来不曾有过一个超人，孩童只是一种殷切的希望，所谓的超人停留在

---

[1] [德]尼采：《查拉图斯特拉如是说》，巫静译，长沙：湖南文艺出版社2006年版，第43页。

了从狮子变为孩童的过程之中。

5、"超人"学说的当代启示

尼采的"超人"学说是用一种激情的、超越现实的、更高层次的理想去唤醒现实中那些沉迷的、忘却人生价值的人。然而令他遗憾的是，现实中的那些人迟迟难以被唤醒。因此他要创造一个"超人"，与现实中的人进行比较，以求证明人是怎样的无知，怎样的可悲。他要用他那充满激情、充满悲愤的，甚至是疯狂的语言去一次次地唤醒人们。这一点正说明了尼采对人生的关注与理解和对人的终极关怀，并把自己对人的期望寄托于人之上的"超人"，即对人生积极的态度，对事业坚定的信心，对社会强烈的责任感，对未来超前的前瞻性。

尼采"超人"思想的现实启示在于：

第一，磨炼坚强的意志，以审美的眼光超越人生的痛苦。当代青年面对的世界更广阔，竞争也更激烈，他们的欢愉更强烈，痛苦也更深沉，因而也就更需要积极的心态去面对人生。尼采强调面对痛苦、险境和未知的东西，精神愈加欢欣鼓舞。纵然人生是一出悲剧，我们也要全身心地投入将这出悲剧演得威武雄壮、高洁豪迈。笑对一切悲剧，乃是人生肯定的顶峰。在尼采的"酒神"理论中，酒神是直面痛苦并从中体会到战胜痛苦、挑战人生的快乐。面对痛苦，我们应当更加坚强，更加欢欣鼓舞；面对失败，我们放声大笑，不屈服于失败，更加顽强地、坚韧地迎接挑战。人们应当意识到经历痛苦乃是生命的一部分，强者会将其视为人生道路上宝贵的财富，将其珍藏心底，从中收获经验，从而变得更加坚强，这才是面对痛苦的最可取的，也是最彻底的办法。

第二，不断超越自我，以锐意进取的态度面对人生。尼采极大地张扬了个体生命的价值。尼采的"超人"是每一个人都应有的生活经历和准则，是人们追求的一种经历。而且每个人身上都有"超人"的成分，因而也都有可能成为"超人"，关键是要发挥超越性，力求超越自己。尼采要教给人的"超人"的道理，首先是要超越已经颓废的人。他那充满激情和冲动的观点会给我们很大的冲击与振奋。他用"强力意志"代替了叔本华的"生存意志"，并且把叔本华的消极绝望的悲观主义改造为积极乐观的行动主义。面对未知的事物，我们应当兴致勃勃地去探索，秉承自强不息的精神去享受有力度的人生，在人生的拼搏与抗争中去体味人生的价值，任它有多少艰难险阻。

第三，超人是一种理想的人格，是新的价值准则，他来源于现实又超越现实。"超人"就是强力意志的化身，遵从主人道德而非奴隶道德。他完全按强力意志行动，具有巨大的创造力。庸人服从的是奴隶道德，他们不能主宰自己的命运，他们或寄希望于上帝，或听命于某种权威；超人对现实生活不是采取逃避的方式，而是直面痛苦、敢于担当，刚毅有为。超人并不是一种定在，超人是一种趋向——臻于完善的趋向；超人是一种承诺——奔向至真的承诺；超人是一种希望——寻求拯救的希望。这种超人超越了具体的个人，体现了人的精神性存在。

总之，尼采看到了人的不确定性，要求人们确立人生理想和目标，从而不断地完善自己，实现自我超越。这对于我们现代人树立勇于创造，奋发向上，勇不退缩的积极人生态度很有借鉴意义。

四、强力意志论

尼采的"强力意志"说的中心思想是肯定生命、肯定人生。"强力意志"不是世俗的权势，是一种本能、自发、非理性的力量，决定生命的本质，决定人生的意义。尼采所注重的生命的意义是精神方面的，人存活在世上不能仅仅满足于生存的需要，还要进行创造、勇敢超越，从而使生命的意义超越宗教的地位。

1、尼采的强力意志理论提出的历史背景

（1）对传统理性和道德的批判

尼采提出的强力意志学说，试图改变传统的理性主义对于人类独立生命体的本能和价值的束缚这一弊端，从而提出崇尚人的自我意识和最大限度地提倡人的一切通过强大的意志力而实现的美好收获。

尼采不仅对传统的理性观念持有力的批判态度，而且对传统道德也进行了反驳。尼采认为在以苏格拉底等为代表的理性主义理论指导下生活的人们，是一种在意识形态领域中丧失了自我和精神本能的人，自苏格拉格以后的希腊哲学家，一概是颓废的象征。

那些传统的理性和道德理论的意义不过就是对一切比如缺乏能力者、懒惰者和衰落的贪婪者的一种不思进取的理论维护，这样所谓的道德约束，本质上是一种对于生命的浪费和蒙骗。

（2）对基督教的坚决否定

尼采认为上帝是虚构的，上帝的观念是虚假的，上帝不是别的，只是对我们的一种粗劣的命令：你别思想！上帝的概念是被发明用来作为生命的敌对概念，来世的概念是被发明来贬低生存者的价值。

尼采所批评的，与其说信仰性的上帝；不如说是他所认为的否定生命力、变成生命力的反面的"颓废性"的基督教"道德化"的上帝。在尼采看来，信仰不过是人的理智昏乱所产生，而基督教的上帝产生的深层心理是弱者仇恨强者的怨恨逻辑。所以，尼采反其道而行之，全力抨击以怜悯弱者为核心的基督教的上帝观念和道德体系，他认为这种价值体系是腐蚀人的自信心，扼杀人的自主性，是导致人类颓废的根源，于是尼采喊出"上帝死了"这一惊世骇俗的口号。

2、尼采的强力意志理论的内容

（1）强力意志对生命的强烈关注

尼采说生命是"存在最著名的形式"，因此，"生命就是存在，此外没有什么存在"，"有生命的一定生长，它要扩充自身的权力，因而必须容纳异己的力"。"强力意志"可以给人带来生命最内在的呈现，除了源源不断的创造力和生命力，还给人们带来关于"自我"本能和生命力的带有极强张力的膨胀感和饱满感。他说："生命是不断地从自身抛弃将要死亡的东西，是欢愉的源泉，必须不断地超越自己。"

尼采把生命与创造性的潜能等同起来，从而在这个意义把它称为"强力意志"。尼采的"强力意志"是对生命力的张扬，就是将强力意志理解为一种做主人的意愿，去支配什么、控制什么。

（2）强力意志的本质

尼采的"强力意志"对于人的生命的强烈关注，主要体现在对于自我生命的价值实现和地位提升。

尼采提出的"强力意志"理论，在本质上就是一种对于个人创造力的强力肯定。尼采更进一步做出阐释："意志并不仅仅是感觉和思想的混合，它首先是一种激情——命令的激情……意愿之人命令自身中服从的或他认为会服从的什么；作为被命令者，我们知道了那在意志行为后立即产生的强力感、推动感和运动感。"这也更加肯定了"强力意志"的"创造性"这一本质特征。

尼采"权力意志"肯定的是创造本身，一种生生不息的生命力就是通过不断的创造性的活动而得以实现，尼采所肯定的就是这种创造力。

3、尼采强力意志说的当代启示

尼采反对宗教神学那种对于人的生命的轻视，尼采肯定生命的价值并赋予生命积极的意义。他的强力意志鼓励人们热爱生命、积极创造、勇于超越。

相对于宇宙的发展来说，人生无疑是短暂的，但是我们不能因为人生的短暂而否定人生的意义，我们要在短暂的人生中追求幸福。人生犹如行驶在浩瀚大海中的一只小船，一定会遭遇大风大浪，我们不应该奢望有一帆风顺的人生，一帆风顺的人生反而会削弱生命的勃勃生机，幸福并不来自没有痛苦的人生，而是源自克服困难后的愉悦。

我们应该积极地、激昂地面对我们的人生，艰难困苦不过是生命有力的刺激因素，是一种对我们旺盛生命力的一种挑战和考验，我们在征服苦难的过程中发扬生命的强力，在与痛苦的抗争中更能体验到生命的活力和抗争的伟大力量，让我们更加懂得人生的意义，收获人生的幸福。

强力意志说还告诉我们，人的命运并不是命中注定的、先天的，我们不能被没有根据的命运拖着走，要努力与所谓的命运相抗衡。我们要相信自己的能力，相信我们可以依仗我们的意志来提升自己、超越自己，在与苦难斗争的过程中控制并掌握自己生生不息的创造力，勇于竞争，争做强者，而不做生活中的弱者。

一位大师这样说：如果说康德是一座不可逾越的通往古典哲学的桥，那么尼采则是一座不可逾越的通往现代主义及后现代主义的桥。尼采大无畏地反对哲学形而上学及其在认识论方面的绝对优势，反对千百年来以纯理性观察宇宙、运用逻辑推理建立的以理性为中心的庞大思辨体系。

他热爱生命，提倡昂然的生命力和奋发的意志力，肯定人世间的价值，并且视自然界为唯一的真实世界，给欧洲古典哲学注入新鲜血液并开辟了古典语言学的崭新时代。从这个意义上说，他开创了人类思想史的新纪元。哲学史可以以尼采前和尼采后来划分，在尼采之后，传统的哲学体系解体了，哲学从天上回到了地上,由神奇莫测、玄而又玄转变为引起亿万人心灵的无限共鸣。

【思考与讨论】

1. 你如何理解和评价尼采的超人学说?
2. 你如何理解和评价尼采的强力意志论?

第十四章　朱熹的哲学思想

一、朱熹的生平

朱熹（1130年10月18日—1200年4月23日），字元晦，又字仲晦，号晦庵，晚称晦翁。祖籍徽州府婺源县，生于南剑州尤溪。中国南宋时期理学家、思想家、哲学家、教育家、诗人。

朱熹十九岁考中进士，曾任江西南康、福建漳州知府、浙东巡抚等职，做官清正有为，振举书院建设。早年官拜焕章阁侍制兼侍讲，为宋宁宗讲学。晚年遭遇庆元党禁，被列为"伪学魁首"，削官奉祠。庆元六年（1200）逝世，享年七十一岁。后被追赠为太师、徽国公，赐谥号"文"，故世称朱文公。

朱熹是"二程"（程颢、程颐）的三传弟子李侗的学生，与二程合称"程朱学派"。他是唯一非孔子亲传弟子而享祀孔庙，位列大成殿十二哲者。朱熹是理学集大成者，闽学代表人物，被后世尊称为朱子。他的理学思想影响很大，成为元、明、清三朝的官方哲学。

朱熹著述甚多，有《四书章句集注》《太极图说解》《通书解说》《周易读本》《楚辞集注》，后人辑有《朱子大全》《朱子集语象》等。其中《四书章句集注》成为钦定的教科书和科举考试的标准。

拓展阅读：朱熹与白鹿洞书院

朱熹是我国宋代著名的哲学家、思想家和理学思想的集大成者。同时，他也是一位著名的教育家。其一生主要从事著书和讲学活动，尤热衷于书院教育。

书院是我国北宋到清末的一种重要文化教育组织形式，它是以私人创办为主，积聚大量图书，教学活动与学术研究相结合的高等教育机构。书院之名起源于唐代，但唐代的书院如丽正殿书院，集贤书院等实际上是宫廷藏书、修书的地方，并不是后来具有教学、讲学内容的书院。自宋以后，书院发展成为一种读书、讲学的新的教育组织，它的目的在于自由研究学问，讲求身心修养，是理学家或学者讲学之所，也是生徒学习、进修的地方。

据统计，与朱熹有关的书院达67所。其中，创建4所（寒泉精舍、云谷晦庵草堂、武夷精舍、考亭书院）、修复3所（白鹿洞书院、岳麓书院、湘西精舍）、读书讲学的47所、题诗题词的13所。

白鹿洞书院位于江西庐山五老峰下，正式建立于北宋年间，最初仅有几处庭院、花草，规模并不大，而且时间短暂，社会影响不大。时年48岁的朱熹为官期间，知晓此处并对此情有独钟，亲自来到庐山白鹿洞书院遗址，感叹万千，决心对此处进行修建和完善，使其成为办学、讲学之处。

白鹿洞书院虽然只是朱熹亲自修建的众多书院中的一座，而且当时的规模并不大，但是这座书院在朱熹的人生中显然占据着重要的位置。因为它是朱熹一生倾注心血最多的书院，是唯一一座由朱熹亲自筹措经费、亲自修建、亲自制定学规学案、亲任洞主和教席的书院。他通过规范书院的体系和制度，为后来的书院做出了示范，推进了宋代书院的健康发展。

朱熹在白鹿洞书院办学过程中结合自己长期的教学实践经验，在认真总结前人办学所订规章制度的基础上，花费很大精力自拟了《白鹿洞书院揭示》：

父子有亲、君臣有义、夫妇有别、长幼有序、朋友有信。右五教之目。尧、舜使契为司徒，敬敷五教，即此是也。学者学此而已。

而其所以学之之序，亦有五焉，其别如左：博学之、审问之、慎思之、明辨之、笃行之。右为学之序。学、问、思、辨，四者所以穷理也。

若夫笃行之事，则自修身以至于处事、接物，亦各有要。其别如左。

言忠信，行笃敬，惩忿窒欲，迁善改过。右修身之要。

正其义不谋其利，明其道不计其功。右处事之要。

己所不欲，勿施于人；行有不得，反求诸己。右接物之要。

熹窃观古昔圣贤所以教人为学之意，莫非使之讲明义理，以修其身，然后推以及人，非徒欲其务记览，为词章，以钓声名，取利禄而已也。

今人之为学者，则既反是矣。然圣贤所以教人之法，具存于经，有志之士，固当熟读、深思而问、辨之。

苟知其理之当然，而责其身以必然，则夫规矩禁防之具，岂待他人设之而后有所持循哉？近世于学有规，其待学者为已浅矣。而其为法，又未必古人之意也。

故今不复以施于此堂，而特取凡圣贤所以教人为学之大端，条列如右，而揭之楣间。诸君其相与讲明遵守，而责之于身焉，则夫思虑云为之际，其所以戒谨而恐惧者，必有严于彼者矣。

其有不然，而或出于此言之所弃，则彼所谓规者，必将取之，固不得而略也。诸君其亦念之哉。

参考译文：

父子间要有骨肉之亲，君臣间要有礼义之道，夫妻间要挚爱又要有内外之别，老少间要有长幼之序，朋友间要有诚信之德。

这就是"五教"的纲目。圣人尧舜让司徒契教化百姓的就是这"五教",学子学习这五教。

而他们学习的顺序,也有五条:广博地学习,审慎地发问,谨慎地思考,明晰地分辨,忠实地贯彻。这就是学习的顺序。学、问、思、辨,四者已经穷究事物的道理。

至于忠实地去贯彻,就要知道修身、处事、接物的原则,也有各自的要领。说话忠诚信实,行为笃厚恭敬;制住怒气,抑制欲望;改正错误不断向善。这是修身的原则。

以礼义端正自己,不去追求物质利益;努力张扬阐明天下之大道,不去计较个人得失。这是处事的原则。

自己所不愿意做的事,不要再让别人去做;自己做事未达到目的,应从自己身上找原因。这是接物的原则。

我私下里关注古代圣哲教人读书学习,无非是为了使人明白礼义道理,修养身心,然后推己及人,并不是为了记览词章,沽名钓誉,追求利禄。

今天的一些学子,违背了圣者的教导。圣哲教育人的法则,在经典中都有记载,有志向的人,当熟读精思,审问明辨。如果知道这是自然之理,必须以此约束自己,那就何必要等他人立下规矩,才依此去做呢?近世学堂虽有规则,但很不够,并未符合圣哲的意图。

所以,本书院另立学规。将圣哲教人读书求学的根本原则,分条列出贴在门楣上,请诸位学子共同研读,遵守执行,并约束自身。只有严格要求,才会有所戒惧,希望大家牢牢记住。

如果有人不这样做,甚至做了违背本揭示的事情,那么这个揭示作为规则,就定能对他发生作用,因而是不能忽略的。诸君还是要认真思考啊!

(摘编自胡青:《朱熹和〈白鹿洞书院揭示〉》,《当代江西》2022年第7期,第63页)

二、朱熹理学思想的历史缘起

与金战事的频繁和南宋王朝的"偏安一隅",收复失地的绝望和临安城的繁华,促使了南宋佛教的兴盛。以临安城为例,当时可被证实的佛寺数量达95座,而这明显是一个比较保守的数字。

除了佛寺,道观的规模和影响力也不可忽视。南宋的道观分布呈现以下两个鲜明的特征:一是集中分布在靠近大内或官府的要害之地或者环境尤佳的西湖孤山;二是有鲜明的方位性:以太乙宫为例,城内的位于西北方向与城外的西南方向遥相呼应。

除了以佛道为主的宗教影响,各种各样的民间信仰也充斥其中。自然神庙、人格神庙、沿海沿江宗祠"百花争艳",不胜枚举。外患的困扰导致了百姓对内心世界的追求,佛道及民间信仰的安心之法在这一时期便有了强大的发展空间。因此,从大量的官办寺院、官办道观可以看出,上至皇帝,中至士大夫,下至平民百姓都表现出内心上的空虚及求解脱的倾向。

士大夫集团及宋高宗、宋孝宗同佛道的纠缠不清,以及当时的南宋王朝在内政和外交上的接连失败,迫使朱熹等南宋思想家努力寻求一种新的治世方式:他们由佛、道转入儒学,辟佛兴儒、承道二程,皆是南宋理学家在当时的社会理论中寻求的,被认为最为适合的治世方式。相较于"佛家"的无为出世和"道家"的清心寡欲,儒家的积极治世,在一个"国破家亡"而又"偏安一隅"的南宋王朝,应该是历史选择下的最佳结果。

南宋是一个"悲情"的王朝,其残酷的历史命运,赋予了生活其中的思想家悲天悯人的现实情感和理想救国的现实企盼。对先秦儒学的复兴,特别是对孟子学的重新定位,是朱熹的"时代梦想",而梦的核心理念便是以"理"为核心的天理人欲观。

拓展阅读：鹅湖之会

"鹅湖之会"是宋代以来中国历史上影响最大的一次学术争论，充分体现了中国知识分子的涵养和修行。"鹅湖之会"的促成者是吕祖谦，吕祖谦的学识和人品是其能够促成"鹅湖之会"的关键。

宋淳熙二年六月，吕祖谦为了调和朱熹"理学"和陆九渊"心学"之间的理论分歧，使两人的哲学观点"会归于一"，于是出面邀请陆九龄、陆九渊兄弟与朱熹见面。六月初，陆氏兄弟应吕祖谦之约来到鹅湖寺，除二陆外，当时来的还有刘子澄及"江浙诸友"。这就是著名的"鹅湖之会"。

会议主要围绕认识理的方法而进行论争。朱熹主张先泛观博览而后归之简约，二陆则主张先发明人之本心，而后博览群书。朱熹责二陆教人过简，二陆责朱熹教人过于支离。会议召集人吕祖谦本意是调和朱熹和陆九渊即南宋理学阵营内部的"理学"和"心学"之间在方法论上的分歧，使之哲学观点"会归于一"。但事与愿违，双方各不相让，争论三日，不仅没使双方哲学观点"会归于一"，反而更明确了"理学"与"心学"的分歧。

"鹅湖之会"是中国古代学术界自由讨论的一个典范。第一，它体现了古代中国的学术精神和基本特点。中国古代学术中出现的学派、论争以及书院基本上是私人学术活动，是非官方的。这也是春秋战国时代百家争鸣留下的传统和精神。第二，它体现了中国古代学术界真正的学风和传统。无论最后的结果是什么，我们在他们争论的过程中已经感受到朱陆二者的人格魅力和学术魅力，以及在他们身上体现出的德性与学问兼得的宝贵品质。第三，它体现了各个派别之间学者们的互相尊重、友好相待和平等相处。这一点在春秋战国时代百家的交往、求知、论学中已得到充分体现。"鹅湖之会"更是对这种精神的继承和发扬。不同派别甚至是相对立的派别坐到一起，共同讨论学术问题，实为可贵，彰显了学术自由与独立、兼容与并包。

（摘编自解光宇：《鹅湖之会与朱陆分歧》，《朱子学刊》2015年第1期，第71-78页）

三、"天理"体系的重构

"天理"是朱熹理学中最重要的概念之一，他不仅将"天理"视为万物创生化育的本体，亦视作伦理价值和道德的本源，使之获得诠释本体的地位。

"天理"一词由来已久，可见诸《庄子·养生主》"依乎天理"、《庄子·天运》"顺之以天理"、《礼记·乐记》"不能反躬，天理灭矣"等。程颢则直接提出："天理不为尧存，不为桀亡；有道有理，天人一也，更不分别。"不仅明确将"天理"设为最高本体，也重新以"天人一理"解释了传统天人合一思想。

朱熹师从程门高足杨时的再传弟子李侗，学宗二程，又在吸收周敦颐"太极说"和张载"气论"等观点基础上，进一步丰富了理学。朱熹将"理学"扩充为"太极、理、气、阴阳"四重能动的通贯体系，由此丰富了"天理"理论体系，使之成为一个更加系统的本体论意义上的"天理"学说。

1、天理是万物生化之本

一方面，在经验世界中，天地万物理、气兼具，"天地之间，有理有气。理也者，形而上之道也，生物之本也；气也者，形而下之器也，生物之具也"。理、气二者似"形式"与"质料"、原理与载体的关系。另一方面，在形上逻辑中，"理与气本无先后之言，但推上去时，却如理在先，气在后相似"。可见，在理论逻辑上"天理"更具有本体意味。

总之，朱熹明确"天理"作为"生物之本"的形上特性，"宇宙之间一理而已，天得之而为天，地得之而为地，凡生于天地之间者，又得之以为性；其张之为三纲，其纪之为五常，盖皆此理之流行，无所适而不在"。即"天理"是为万物生化、存在的本根，居于主导地位，为人、物、事之本。

2、天理是伦理价值之源

在朱熹看来："理只是这一个。道理则同，其分不同。君臣有君臣之理，父子有父子之理。"即是说，理是伦理价值和道德的本体，是德行实践的指引。天理是仁义礼智之总名，仁义礼智是天理的具体呈现。

朱熹将儒家伦理原则接上了最高的本体"天理"，认为"天理"是道德之源和旨归。在二程"天人一理"思想基础上，朱熹提出："如为君须仁，为臣须敬，为子须孝，为父须慈，物物各具此理，而物物各异其用，然莫非一理之流行也。"

3、天理与人性、人心

在天理与人性的问题上，朱熹一方面认为性即理，另一方面他又将人性分为"天地之性"（天命之性）和"气质之性"。"天地之性"即是天理，天理是绝对的善，所以人的本性也是善。"气质之性"是理与气的交感，而气有善恶，气有清浊昏明，人禀受的气不同，于是表现出圣、贤、愚与不肖的区别。禀得至纯清气，不为物欲所累者即为圣人。禀得清而不纯之气，稍微为物欲所累，而能加以克除者即是贤人。禀得浑浊之气，为物欲所蒙蔽者，即是愚与不肖。人性没有不同，只是由于禀得气的不同才有善恶。

朱熹认为"性"是"心"的未发状态，"心"是"性"的物化载体。人之"心"有"道心""人心"两种。道心是出于天理的道德意识，人心是出于个体情欲的感性欲念，造成道心人心之别的原因在于人是"理气"合一，禀"理"成性，禀"气"成形，性则一，气则有所不同。

四、理一分殊

理一分殊的意思是：理只有一个，是一致的；分，是生命创造之"分"，如同分娩、分蘖，是特殊的、差异的。合而言之，万物统体一太极也；分而言之，一物各具一太极也。理一分殊的含义是：其一，万物所禀受于天的理是没有任何差别的，和作为宇宙本体的一理也是完全一致的。朱子曾说："只是此一个理，万物分之以为体。"其二，作为本体的太极并无不同，而在太极发育流行化生万物的过程中，其应用不同，才导致了万物的差异。朱子说："物物各具此理，而物各异其用，然莫非一理之流行也。"总的来看，朱子哲学的本体论是以"理一分殊"为结构与纲领。以横向定位观之，"理一分殊"是指一理与万理的关系，万物所具有的太极和作为本体的太极本身是相同的；以纵向流行观之，"理一分殊"指作为本体的太极和万物的关系，太极在发育流行的过程中便有偏全之分，万物也表现出了差异。

首先，"理"是先于自然现象及社会现象的形而上者，是事物的规律及伦理道德的基本准则。朱熹又将"理"称作太极，是天地万物之理的统称。每一个人及物都将抽象的"理"作为其存在的根据，且每一个人或物都有一个完整的理。

其次，"气"是朱熹理学体系中仅次于"理"的第二位的范畴，它作为一种形而下者，具有情、状、迹及凝聚、造作的特征，是铸造万物的质料。

最后，天地万物都是由"理"与"气"共同构成，其中"理"居于第一性。一方面，理义是本源，但它可以贯彻到一切领域，如月亮是一，它可以散而为江湖河海之万月，分开来，每一物之理就彼此殊异，即各有特殊的质；但另一方面，万理又归于一理，犹散在江湖河海的万月其本乃是天上的一月。

五、格物致知论

1、格物致知的含义

在认识论上，朱熹的观点与程颐大体一致。程颐认为，"凡一物上有一理，须是穷致其理"（《河南程氏遗书》卷十八）。"格物"就是穷至事物之理。格物穷理，先是一件一件去求，然后才能做到融会贯通，才能认识理的本质。

朱熹也认为人类的认识活动就在于穷索宇宙万物之"理"，其手段就是格物穷理、格物致知。"格物致知"语出《礼记·大学》篇，朱熹解释说，"格，至也。物，犹事也。穷至事物之理，欲其极处无不到也"。"致，推极也。知，犹识也。推极吾之知识，欲其所知无不到也。"这是说在认识的实践活动中，要努力穷索事物之理，在通晓事物之理后，才能使我们的知识完备，达到"致知"。

众所周知，包括朱熹所有儒学派所要求的工夫的最终目标就是成为"圣人"的理想人格。所以，朱熹所言的"致知"不仅是主体对外在事物的认识，更是道德主体道德认识和道德境界的提升。因而，朱熹格物致知论的另一个关键论点是：物理与性理或者说见闻之知与德性之知的关系。朱熹说："盖人心之灵，莫不有知，而天下之物，莫不有理。""格物致知，彼我相对而言耳……其实只是一理，才明彼，即晓此。"（《朱子语类》卷十八）格物是由明白物之理进而推到明白内心的天理，是一个由外向内求的过程。二者的结合，即是内外一理，物我一理。关于这一点朱光镐在《朱子格物致知的阐释学解释》[1]一文中做了详细论述，概言之：（1）对自然界的观察与思考可以养成按照对象固有的存在法则来对待对象的思维与行为习惯，即顺性命之正，处事物之当。这才是"明德"，才能"具众理，应万事"，才是成熟、完善的君子人格。（2）朱熹的格物工夫，就是关心、接近、洞察、尊崇、爱护对象。这样的态度是任何人际关系中都需要的。所以，朱熹主张物格致知之后，才能达到成己成物的理想人格。

2、格物致知中的科学逻辑思想[2]

（1）善于观察

古典归纳主义者认为科学始于观察，而程朱理学的"格物""即物"则都意蕴了观察事物的要求。

朱熹在科学观察方面取得了丰硕的成果，他通过观察发现高山石中有螺蚌壳，而成为辨认化石的第一人。自然科学史学家斯蒂芬·F·梅森认为朱熹辨认化石乃"中国科学最优秀的成就，是敏锐观察和精湛思辨的结合"。此外，朱熹还对风、云、雨、露、霜、雷、虹、雹、潮汐、霞光等自然现象进行了广泛观察。这与其格物致知的"即凡天下之物""逐物格将去"等要求是一致的。

所以，程朱理学的格物致知首先蕴含着科学逻辑的观察要素，为中国古代科学发现奠定了坚实的基础。

（2）"自下面做上去"的归纳方法

朱熹的格物致知也蕴含了丰富的归纳逻辑思想。朱熹认为"大凡为学有两样，一者是自下面做上去，一者是自上面做下来"。朱熹将其中的"自下面做上去"解释为"便是就事上旋寻格道理

---

[1] 朱光镐：《朱子格物致知的阐释学解释》，《儒学评论》2020年第1期，第138-153页。

[2] 郑天祥、王克喜：《"格物致知"的科学逻辑意蕴》，《湖南科技大学学报（社会科学版）》2021年第1期，第41-45页。

凑合将去,得到上面极处亦只一理","零零碎碎凑合将来,不知不觉自然醒悟","格物,是零细说;致知,是全体说",体现了由"个别"到"一般"思维进程的归纳逻辑。

(3)以推类提出科学假说

程朱理学的格物致知还善于使用中国传统的推类方法提出科学假说。二程认为"格物穷理,非是要尽穷天下之物,但于一事上穷尽,其它可以类推"。朱熹继承了二程的推类方法,指出"也未解便如此,只要以类而推"。朱熹将这种以类而推回答未解知识的方法运用到其科学探究中,便形成了科学假说。

程朱理学的格物致知蕴含了科学发现不可或缺的观察基础、归纳方法和科学假说,乃科学逻辑集中存在的情景。然格物致知的重心毕竟在于格"事"之政治、伦理内容,而非发展科学,没有继续发展出类似西方的科学逻辑体系。

拓展阅读:朱熹著名诗词四首

春日

胜日寻芳泗水滨,无边光景一时新。
等闲识得东风面,万紫千红总是春。

观书有感·其一

半亩方塘一鉴开,天光云影共徘徊。
问渠那得清如许?为有源头活水来。

劝学诗

少年易老学难成,一寸光阴不可轻。
未觉池塘春草梦,阶前梧叶已秋声。

水调歌头·隐括杜牧之齐山诗

江水浸云影，鸿雁欲南飞。

携壶结客何处？空翠渺烟霏。

尘世难逢一笑，况有紫萸黄菊，堪插满头归。

风景今朝是，身世昔人非。

酬佳节，须酩酊，莫相违。

人生如寄，何事辛苦怨斜晖。

无尽今来古往，多少春花秋月，那更有危机。

与问牛山客，何必独沾衣。

六、理欲观

理欲关系作为中国古代伦理道德的核心问题备受历代学者关注。朱熹在继承宋儒理欲之辨的基础上，提出并阐释了"明天理，灭人欲"的理欲观，并将其作为实现"超凡入圣"道德目标而进行修身的核心问题。他说："孔子所谓'克己复礼'，《中庸》所谓'致中和'，'尊德性'，'道问学'，《大学》所谓'明明德'，书曰'人心惟危，道心惟微，惟精惟一，允执厥中'，圣贤千言万语，只是教人明天理，灭人欲。"（《朱子语类》卷十二）

朱熹对天理的伦理内容进行了规定。他说："天理只是仁义礼智之总名，仁义礼智便是天理之件数。"在道德实践层面上，"天理"就是人伦纲常，即"父子、兄弟、夫妇，皆是天理自然，人皆莫不自知爱敬"。此外，"理"还表征为"公"，与人的"私欲"相对应。

朱熹对"欲"做了较为严格的划分。一方面，属于天理层面的欲，就是指满足人的基本生存的需求。他说："饮食者，天理也。"

(《朱子语类》卷十三）"若足饥而欲食，渴而欲饮，则此欲亦岂能无？但亦是合当如此者。"（《朱子语类》卷九十四）可见，朱熹看到并肯定了人的生理需求本身存在的合理性，并将之提升至天理层次。另一方面，属于人欲层面的私欲，是指除去基本生存需求的过分欲望。他说："要求美味，人欲也。"（《朱子语类》卷十三）就是说，人的欲求超过了合理的界限，就会成为执着己利的私欲，并会因损害别人的正当利益而成为恶。可见，朱熹所反对的不是饮食男女这类正常的人之欲望，而是反对没有天理为基础的私欲。有天理为基础的人欲，是合理的，其本身就是天理。知悉不是反对生命的本质特征——人欲，而是反对《礼记》中所谓的"人化物"、反对人的物化。

关于理欲之间的关系，朱熹认为"天理"和"人欲"是人的心性中的两种价值取向，互有兼容，彼此消长，难以划出一条泾渭分明的界限。"存天理，灭人欲"不是要使人成为有戒律而无生命之情的理性体，而是要把握好分寸，避免人欲侵蚀人的理性（神圣性），从而导致"人化物"状态。人的生命只有克服物欲之拘，才能入宇宙万象森然精微变化的出神入化中；人的生命只有超越动物般欲情，才能成为合乎天地幽明之变的神圣生命，才能养成"万物皆备于我"的崇高人格。其实，朱熹理想的状态当是"理欲同一"[1]，这正如高予远撰文所述：圣人之"理欲同一"，是圣人将神圣性流贯入吾人的欲望中，转欲望为神圣的生命创造。圣人之欲是圣人秉宇宙星空万象森然流转不已义理之精，静寂地创生、仁民爱物也。"理欲同一"当如是观！"存天理、灭人欲"当如是观。

---

[1] 高予远：《朱子理欲新论》，《深圳大学学报（人文社会科学版）》2012年第2期，第29–36页。

七、朱熹家训

朱熹《朱子家训》是一部关于治家、齐身、处世的重要著作，它精辟地阐明了修身治家之道，是朱熹一生做人治家、教育后代的经验总结，一生心血的高度结晶，是元、明、清三代及近代家庭教育的好教材。朱熹《朱子家训》全篇 300 余字，它以朴实精辟的语言，从君臣、父子、兄弟、夫妇、朋友、长幼、主仆等之间的伦理关系出发，提出了每一个人在家庭、社会中所充当的角色和应尽的伦理道德责任和义务。要求人们做到"君仁""臣忠""父慈""子孝""兄友""弟恭""夫和""妇柔""友信""师礼"，言辞恳挚、凝练、畅达，具有极强的感召力。对于朱熹《家训》的道德教育思想，我们应该居于一定的历史环境中去考察，客观正视、积极反思其历史局限性，认真析取其中富有强大生命力的精粹部分，以期古为今用。

《朱子家训》：

君之所贵者，仁也。臣之所贵者，忠也。父之所贵者，慈也。子之所贵者，孝也。兄之所贵者，友也。弟之所贵者，恭也。夫之所贵者，和也。妇之所贵者，柔也。事师长贵乎礼也，交朋友贵乎信也。

见老者，敬之；见幼者，爱之。有德者，年虽下于我，我必尊之；不肖者，年虽高于我，我必远之。慎勿谈人之短，切莫矜己之长。仇者以义解之，怨者以直报之，随所遇而安之。人有小过，含容而忍之；人有大过，以理而谕之。勿以善小而不为，勿以恶小而为之。人有恶，则掩之；人有善，则扬之。

处世无私仇，治家无私法。勿损人而利己，勿妒贤而嫉能。勿称忿而报横逆，勿非礼而害物命。见不义之财勿取，遇合理之事则从。诗书不可不读，礼义不可不知。子孙不可不教，童仆不可不恤。斯文不可不敬，患难不可不扶。守我之分者，礼也；听我之命者，天也。人能如是，天必相之。此乃日用常行之道，若衣服之于身体，饮食之于口腹，不可一日无也，可不慎哉!

八、朱熹哲学思想的当代启示

修齐治平是自先秦以来一直传承不变的一种高度的历史使命感，自《大学》提出治国修身思想以来，无数的仁人志士把其作为自己的修身目标。孟子"天下之本在国，国之本在家，家之本在身"的境界；张载"为天地立心，为生民立命，为去圣继绝学，为万世开太平"的儒学使命历来为后人所敬仰。朱熹的哲学思想体现着强烈的济世情怀，在当今社会仍然无比珍贵。

1、朱熹所崇尚的理想人格有助于保持人性的伟大和尊严

朱熹指出："人是天地中最灵之物，天能覆而不能载，地能载而不能覆，恁地大事，圣人犹能载成辅助之，况于其他。"人作为天地之间的道德主体，能尽己之性尽物之性，甚至赞天地之化育，与天地参矣，人变得与天地一样伟大。而人性之伟大在于人有道德，圣贤就是这种道德化的人格形象。

人的生存发展和精神本性都需要有一种人格理想，超越当下世俗的基本价值取向，为人的生活设立目的性意义，引导人们和时代超越平庸走向崇高，超越当下走向未来，超越世俗走向神圣。

2、朱熹的"主敬涵养"论对于当今大学生的道德修养具有指导意义

朱熹看到现实世界人欲充斥，个体的行为不能合乎礼仪规范，

要解决人心私蔽可能造成的危害，朱熹要求进行道德修养，使"心与理一"，提出"主敬涵养"的修养方法，这对于当代大学生具有指导意义。

主敬涵养是在"心"上做功夫的重要方法，它不仅是穷理致知认识论的方法，也是躬行实践的方法。他说："敬有甚物，只如'畏'字相似，不是块然兀坐，耳无闻、目无见、全不省事之谓，只收敛身心、整齐、纯一，不恁地放纵，便是敬。"也就是说在生活实践中要收敛身心，使内心常处于一种敬畏、警醒状态，专一而不放纵散逸，做到内无妄思、外无妄动。同为学穷理一样，只有主敬的功夫和态度，才能致知力行。

朱熹的道德修养工夫，重视"穷理致知""主敬涵养""克己重行"。通过个体修养达到"心与理一""与天地参""赞天地之化育"，不枉"人以眇然之身，与天地并立而为三"，达到真正的天人合一的境界。

3、朱熹的"理欲观"有助于人们克制物欲的诱惑

朱熹认为圣贤人格之所以高尚，就在于它有着较之物质欲求更高的价值追求。他提出的"存理去欲"思想，就是强调以社会规范和他人正当利益制约个人的欲望要求。

当今一些大学生以为有了钱便可带来一切，在面对金钱的诱惑时毫无抵抗力。有些大学生为了购买名贵的衣服、化妆品，个人私欲过度膨胀，最终误入歧途。朱熹反对"为物欲所昏"，主张"欲要合理，不能徇情欲"的理欲观，提醒我们用道德理性来控制物质欲望的过度膨胀，有利于大学生的个人发展和道德完善。

在市场经济发展的今天，个体在这样一个充满物欲诱惑的社会，如果没有约束，必然是物欲横流，个体自我湮灭在物欲中，失去应有的人格独立和尊严。朱熹强调人格的道德性使人在市场经济中超越一切经济人狭隘的功利眼界和市场经济本身的局限

性，达到人格的全面提升。

4、朱熹的"以理节欲"思想有利于增强人们的生态环保意识

朱熹理欲观中的"天理"有合乎规律的自然法则之义。那么，从一定意义上说，"天理"是大自然发展的普遍规律，"欲"是人类之生理欲望，因此，"理"与"欲"的关系，可以说就是自然资源发展之规律与人类欲望的关系。当今人类，由于自我欲望的过度膨胀，用高科技手段，向自然界无限地索取，过度地残杀动物，到处乱伐森林，无限制地垦荒造田，导致自然生态环境失衡。不但导致沃土草原退化、沙化、水土流失严重，而且造成野生动植物资源匮乏，大批生物物种濒临灭绝。

面对如此严重的生态环境危机，何以处之？除制定出相应的法规加以保护之外，还可以借鉴朱熹理欲观中的合理因素，坚持自然发展之"天理"，遏制过分的"人欲"，以重新规范人与自然的关系，改善人类生活环境。

【思考与讨论】
1. 你如何理解和评价朱熹"存天理、灭人欲"思想？
2. 请谈谈你对"知"与"行"关系的理解。
3. 请谈谈你对《朱子家训》的理解与认识。

第十五章　王阳明的心学智慧

一、王阳明的生平及后世影响

王阳明先生本名王守仁（1472年10月31日—1529年1月9日），汉族，幼名云，字伯安，别号阳明，浙江绍兴府余姚县人。明代著名的思想家、哲学家、书法家兼军事家、教育家。

弘治十二年（1499）进士，历任刑部主事、贵州龙场驿丞、庐陵知县、右佥都御史、南赣巡抚、两广总督等职，晚年官至南京兵部尚书、都察院左都御史。因平定宸濠之乱等军功而封爵新建伯，隆庆时追赠侯爵。

王守仁（心学集大成者）与孔子（儒学创始人）、孟子（儒学集大成者）、朱熹（理学集大成者）并称为孔、孟、朱、王，但他的学说理论是明朝最有影响的哲学思想，他的学术思想传到日本、朝鲜半岛和东南亚，立德和立言于一身，取得了巨大的成就。在明朝，他有许多弟子，被称为姚江学派。其文章博大昌达，行墨间有俊爽之气，有《王文成公全书》。

拓展阅读：少年王阳明立志"读书做圣贤"

明宪宗成化八年九月三十日（1472年10月31日），王阳明出生于余姚一个官宦之家。幼名为"云"，五岁时改名"守仁"，盖取《论语》"知及之，仁不能守之，虽得之，必失之"之意。他自幼聪明绝伦，十岁那年，父亲王华高中状元，授翰林院修撰之职。次年，王阳明随祖父竹轩翁一起赴京生活，船过镇江金山寺，竹轩翁与客人饮酒赋诗,尚未成篇,王阳明却已赋诗一首,诗云:"金山一点大如拳,打破维扬水底天。醉倚妙高台上月,玉箫吹彻洞龙眠。"船客大为惊异。大家又令王阳明应景赋诗,阳明出口成章,诗惊四座。

阳明十二岁时,开始拜师读书。他经常捧书沉思,思考人生真谛。有一天,他突然问书塾老师:"何为人生第一等事?"老师回答说:"惟读书登第耳!"王阳明疑惑地说:"登第恐未为第一等事,或读书学圣贤耳!"这个"读书学圣贤"的心愿,表达了少年王阳明的远大志向。王阳明的人生目标,大概就是在此时确定的。

(摘编自吴光:《王阳明的生平及其思想主旨》,《人文天下》2017年第13期,第13-19页)

二、心外无物:王阳明的心学

阳明心学是明代著名思想家王阳明的心学思想,其精神内涵包括"心外无物,心即理""知行合一""致良知"等。阳明心学诞生后,王阳明兴办龙冈书院,授徒讲学,声名远播,后又受到贵州提学副使席书的邀请,讲学于贵阳书院。

(一)阳明心学的缘起

王阳明出生于成化八年(1472),病逝于嘉靖七年(1529),经历了成化、弘治、正德、嘉靖四朝。明代中叶的政治格局早已没有了明初太祖时的宏伟气象,废除丞相、建藩封国等制度的弊端逐渐显现,皇帝昏庸,君弱臣强,宦官当道。下层人民的武装暴动此伏彼起,加之边患频繁,藩王反叛,使明政权处于风雨飘摇之中。特别是武宗即位后,启用太监刘瑾,明代的政治生活进入最为昏暗的时期。

同时，随着商品经济的发展，市民阶层不断扩大，崇尚奢靡之风逐渐显现。对此，王阳明惊呼："今天下波颓风靡，为日已久，何异于病革临绝之时。"（《王阳明全集》卷二十一）与此同时，科举考试的功利性质也渐趋浓厚，士人们多把精力放在指定教材或者科举范文上，很少专心研读儒家经典，导致他们言行不一，讲的是仁义道德，求的却是富贵权势。而当时的佛老只追求"空""虚"的心性修养，不讲治国平天下。在王阳明看来，当时之所以会出现种种社会弊病，就是因为人们把德性追求丢失了，所以他要把道德和知识打成一片，使人们自觉地将价值和知识连接在一起：在知识活动中实现价值，从而使行动既有正确的价值方向，也有知识的依托和保证。这是王阳明的苦心所在，他一生的理论和实践，都在追求和实现两者的统一。

　　王阳明早年曾迷恋佛老"虚妄"之学，而当其将自己的思想归于儒家正途时，首先接受的是朱熹的"格物致知"之理学。他遍读理学典籍，对朱熹的理论殚思竭虑，但却深感理学体系内在的矛盾不可克服。例如，在朱熹那里，知行是二分的，"知"是"知"，"行"是"行"，而王阳明认为"知行是合一的"，"知"是"行"的一部分，"知"只有在这一改造世界的实践中才能实现自身的真正价值。再如，朱熹虽然主张心与理统一，但二者还是有区隔的，心是主体之心，理是事物之理，心虽然能认识客观事物之理，但理不在心中。王阳明认为，所谓天理、物理，所谓圣人之道，全在我心之中，全在自己与生俱来的禀性之中。为圣之道，只需向自己心中、向自己性中去挖掘去寻找。王阳明继承孟子的"良知"说和陆九渊的"心即理"的思想，突破了程朱理学一统天下的局面，强调发挥人的主观能动性，强调独立思考，给沉积多年的思想界注入了一股活力，这在中国哲学史上具有极为重要的地位。

拓展阅读：阳明格竹

王阳明幼学朱子学，受朱熹格物致知论的影响，他青年时期的某一天格院子里的竹子，神思劳顿，七天后一无所获，反而大病一场。二十七岁时再格，仍以失败告终，随后对朱子的格物致知学说彻底放弃。直至三十六岁时，阳明于贵州龙场悟道，明确提出"心即理"命题，主张"心外无理""心外无事""心外无物"，成为一代心学大家，影响海内外至今。

关于格竹失败的经历，据阳明弟子的记录可见，阳明曾亲口提及过。他告知众弟子曰：

众人只说"格物"要依晦翁，何曾把他的说去用？我着实曾用来。初年与钱友同论做圣贤要格天下之物，如今安得这等大的力量？因指亭前竹子，令去格看。钱子早夜去穷格竹子的道理，竭其心思，至于三日，便致劳神成疾。当初说他这是精力不足，某因自去穷格。早夜不得其理，到七日，亦以劳思致疾。遂相与叹圣贤是做不得的，无他大力量去格物了。及在夷中三年，颇见得此意思，乃知天下之物本无可格者。其格物之功，只在身心上做，决然以圣人为人人可到，便自有担当了。

程朱讲格物致知，阳明却格物致病，明显是由于阳明对程朱格物理论的误解所致。阳明是将自心本有之天理赋予外物而使外物"皆得其理"，程朱是以自心本有之天理去体认外物本有之天理，使其"内外合"。这是阳明与程朱关于"格物致知"的理解的根本歧异之处。而且，程朱这种"今日格一件，明日又格一件，积习既多，然后脱然自有贯通处"（《河南程氏遗书》卷十八）的格物致知方式也并非如阳明及其朋友钱友同格竹一般去对外物死死地"守看"。王阳明的"格竹"之法，不是依照朱熹"格物穷理"的理论，而是更接近于禅宗参禅悟道的一种形式。

阳明心学的产生固然与时代的政治、经济和思想文化背景以及个人特殊的遭际有着重要关系，但实质源于阳明对朱子格物主张的误读。而这一误读让中国在历史上少了一位朱门后学，却多了一位可与朱子比肩的思想大家，在此意义上又完全说得上是一次伟大的误读。

（摘编自冯兵、高季红：《伟大的误读——阳明的格竹之误》，《文史天地》2023年第8期，第14-16页）

（二）王阳明心学的结构

1. 心即理：心外无物、心外无理

这里的"心"既不是生物学上的血肉之心，也不是"习心"，而是一种"本心"，即本然之心或心之本体。王阳明认为，人心从本体上讲是善的，但由于气质或习染而掩盖了心的本真存在，也就是说心之善的本体被私欲隔断了或者被遮蔽了。本心一失，人便为恶。在王阳明看来，为学之目的即在复其本体。这一过程一方面是恢复自己本然之心的过程，是成己；另一方面又是使人的生活世界成为善的世界，即使事事物物皆得其理，因此又是成物。它是同一过程的两个方面，是合内外之道。

"心外无物""心外无理"是说心是理、物的本源。王阳明举"岩中花树"来证明"心外无物"。先生游南镇，一位好友指着岩中花树，问曰："天下无心外之物，如此花树在此深山中自开自落，与我心亦何相关？"先生曰："你未看此花时，此花与汝心同归于寂；你来看此花时，则此花颜色一时明白起来，便知此花不在你的心外。"在友人看来，岩中花树属心外之物，它的存在不依赖于我们的心。而在王阳明看来，当我们没有看到此花时，此花与心各有寂静，无所活动，而一旦"花"进入我们的内心，此花便在心头显现出来。对于"心外无理"王阳明是这样来论证的：只此一心，发散在不同事物上便有不同的体现，如把这一心用在对待父亲上，便是孝心；发散到忠君之事上，便是忠心；诚心对待朋友，便是信义；以此心治理民众便是仁。不用假求于外物，只要避免私欲遮蔽自己的内心即可。

朱熹以心与理对立统一的关系为基础提出自己的格物说，一言以蔽之，格物就是吾心格事物之理。心虽然属于主体，但事物之理却是外在的，尽管作为主体的心能够认识客观外在事物之理，但此理不存在于主体心中，其局限性就显现出来，使得格物之说流于支离，也即忽视了道德主体的主体性。王阳明看到了朱熹格物说的这种局限性，则提出自己的格物说，主张"格物者，格其心之物也"。以为理在心中而不存在于事物之中，但并不否认作为客观存在的事物，因为离开它就没有客观对象，人心中之理也难以实现。

拓展阅读：王阳明龙场悟道

明武宗正德元年（1506年），阳明三十五岁。司礼太监刘瑾专权跋扈，结党营私，排斥异己。御史薄彦徽等会同南京给事中戴铣，上疏请诛刘瑾等"八虎"。刘瑾大怒，逮薄、戴等人下诏狱，各杖三十。戴铣竟被杖死狱中。时任兵部主事的王阳明挺身而出，抗疏力救，刘瑾遂逮阳明下诏狱，廷杖四十，贬为贵州龙场驿丞。出狱以后，阳明赴谪所。但刘瑾派人尾随其后，意欲加害。

王阳明制造投江自尽假象，并作《绝命诗》迷惑阉党。经过一番曲折历险，终于在正德三年（1508年）春天，到达龙场驿。在贬谪龙场期间，王阳明经历了身体与身心的"百折千难"，但他并未被种种天灾人祸击垮，而是自强不息、从容应对。面对种种困境，他常常思考"圣人处此，当有何道"的问题。据《年谱》记载，在一个风雨交加的深夜，他突然大彻大悟《大学》"格物致知"之旨，不禁欢呼雀跃，"始知圣人之道，吾性自足，向之求理于事物者误也"。这便是"龙场悟道",其关键在于领悟了"圣人之道,吾性自足"的道理,其逻辑的结论是求理于心,而非求理于外。这标志着王阳明主体意识的觉醒,也为他日后在讲学中形成良知心学奠定了心灵觉悟的基础。

(摘编自吴光:《王阳明的生平及其思想主旨》,《人文天下》2017年第13期,第13-19页)

2. 知行合一

"知行合一"是王阳明哲学中又一个重要命题,它实际上是一个功夫论命题,是对"心即理"说的具体落实,是为了避免其"心"学理论落于空虚,扭转时人坐而论道、口是心非、学而不行、形而不实的恶习。

知行问题是儒家道德实践中讨论的重要理论问题。一般地,在宋儒中,"知"指有关道德法则的知识,"行"则指道德践履。前者属主观领域,后者属客观领域。就两者的关系而言,宋儒的基本主张是知先行后,行重于知,知行互发。而王阳明则提出不可分知、行为两事,强调知行合一。他说:"知是行的主意,行是知的功夫;知是行之始,行是知之成。""知之真切笃实处,便是行。行之明觉精察处,便是知。"

王阳明把知和行看成一个整体,认为知和行本来也是一回事,知是行在理论层面的表达,行是知在实践层面的体现,如果真的切实明白知道了,就会在行动上有所体现,如果在行动中能窥见真知那才是真正的知。王阳明说:"未有知而不行者;知而不行只是未知。""知之真切笃实处即是行,行之明觉精察处即是知。""真知即所以为行,不行不足谓之知。"

3. 致良知

"致良知"是王阳明晚年论学的宗旨,也是王阳明对自己心学思想最简易的概括。王阳明用他高度的融摄能力，把他早年所讲的命题"心即理""心外无理""心外无物""知行合一"都概括在"致良知"三字中，所以，"致良知"表现出来的思维方法是综合性的。

致良知就是将良知的思想进行道德实践。王阳明认为，良知即是天理在人心的显现，良知作为道德修养的内容不仅要获得，最终目的是落实到道德实践上。"致良知"就是将良知贯彻到日常生活的各种实践之中，实现知行合一。

王阳明致良知的致字有推致和扩充至极二义。就良知的推致义而言，就是使良知能够自然而然地呈现而不受障碍；就是将良知本体进行推致，在处世应物中自然而言地体现良知内涵，做到知行合一。前文已述，常人与圣人的差别在于，常人的良知被遮蔽，致良知即疏导、推致良知使其充塞流行。就良知的扩充义来看，致良知并不是扩充知识性的内容，而是扩充良知的内涵。在格物和处事的过程中，良知的含义得到丰富和扩充。把明白是非、为善去恶之心用在做事和与外物的接触中。良知通过格物和意诚的方式，使本心得到完善。这样的良知，是动机与效果的统一，合目的与合律则的统一。

总之，王阳明的"致良知"思想具有重要的道德价值。"致良知"彰显着卓越的道德追求，"致良知"的最终目的也是达到圣人境界；"致良知"确立了道德主体地位，"致良知"是自己为自己"立法"，从而彰显出主体的道德自觉与强烈的道德自信；"致良知"体现着知行合一精神，在"致良知"活动中，人的理智、意志、直觉、情感等各种精神活动都得到锻炼，并且互相激发、互相依持、互相辅助，整合成一个精神活动的总体，共同应对当前遇到的具体问题。

拓展阅读：王阳明攻心为上，不战而屈人之兵

王阳明的几千人马，用了不到三个月时间，就轻松平定了赣南严重的匪患。这不禁让人感叹他高深的智慧及独特的知行哲学，的确是真枪实战，不是空谈。王阳明的剿匪壮举，证实了他的知行合一思想。其中，王阳明军事谋略的过人之处，是攻心为上，不战而屈人之兵。

王阳明到南赣剿匪就一直在用心攻。

王阳明深知匪贼心理脆弱，自知理亏。他们有的本无当贼的念头，有的是一时糊涂，有的是被胁迫入伙不得已而为之。即使土匪也有善念，且皆有弃恶从善、悔过自新的可能。王阳明为此强调从心理上、良知上瓦解土匪，动之以情，晓之以理，苦口婆心加以劝说。

王阳明做的第一件事就是将各种各样的招降书，分发给当地土匪和老百姓，感化其内心。

土匪多数是逼上梁山的淳朴老百姓，没有人会愚蠢到以死反抗朝廷。王阳明好多告谕，用儒家道德教化群众，强调父慈子孝、夫妇和顺、长幼有序、平和宽厚，通过柔性说教，"用心"瓦解和消灭山贼。

在攻打浰头土匪窝之前，王阳明发出《告谕浰头巢贼》，其言说特别感人肺腑："人之所共耻者，莫过于身被为盗贼之名；人心之所共愤者，莫过于身遭劫掠之苦……人同此心，尔宁独不知？……尔等当时去做贼时，是生人寻死路，尚且要去便去。今欲改行从善，是死人求生路，乃反不敢耶？若尔等肯如当初去做贼时拼死出来，求要改行从善，我官府岂有必要杀汝之理？……惟是尔等冥顽不化，然后不得已而兴兵，此则非我杀之，乃天杀之也……呜呼！民吾同胞……兴言至此，不觉泪下。"整篇告谕的字里行间，情理感人至深，堪称古今第一劝降书，实为柔软胜刚强的高明攻心战、心理战。阳明先生期盼拯救误入歧途的无辜良民，为他们寻一生路，希望造福一方。对于屡教不改的首恶，则坚决剿灭，以平民愤。王阳明心怀怜悯之心，做到了仁至义尽，可谓良知一贯。此告谕发出去之后直接导致王坷投降，更让最大的土匪头子池仲容犹豫不决，为最后一举歼灭盗匪势力打下了良好基础。

（摘编自孙君恒、张玉琴：《王阳明知行合一的实证》，《黄河科技学院学报》2023年第9期，第75-81页）

三、吾性自足：阳明心学的当代意义

1. 擦亮心灯，塑造崇高的道德人格

王阳明在本体论上主张"吾心便是宇宙"，在道德论上主张"吾性具足""良知即是天理"。由此本心被提高到了作为天地万物本体的高度。王阳明的以心为本，不是就客观实存的物理而言，而是就物的存在意义而言，万物的价值，世界的意义只有对于主体的人而言才有意义和价值。天地万物的呈现都是靠人心的一点灵明去照亮的，因此"人者，天地之心；心者，万物之主"。这极大地提升了人的主体性地位，充分地张扬了人的个体价值，每一个人都应该反身而诚，回归自己的本心。王阳明说："身之主宰便是心，心之所发便是意，意之本体便是知，意之所在便是物。"心是身体和万物的主宰，当心灵安定下来，不为外物所动时，本身所具备的巨大智慧便会显露出来。

良知是人自然而然就具有的内在本性，"心自然会知，见父自然知孝，见兄自然知亲，见孺子入井自然知恻隐，此便是良知，不假外求"。良知不分贤愚是人人具有的，"良知之在人心，无间于圣愚，天下古今之所同也"。从道德人格层面去看良知的这些特点，我们可以得到每个人都有成为圣贤的先验条件，或者说每个人都具有成圣成贤的潜质，而且只要自然而然地按照良知行事，那么就能明辨是非，成就道德人生。

阳明心学对当代大学生的意义是，理解王阳明"心即理"的含义，满怀信心地树立崇高的人格理想，用我们的本心去照亮世界万物，因为世界的意义正取决于我们自身的心的感受；然后依着良知，言语举动无不从本心中流出，由此便可以达到孔子所说的"从心所欲而不逾矩"的最高道德境界。如此便成就了圣贤人格，体验到了道德澄明之境所带来的快乐。

2. 知行合一，追求属于自己的幸福人生

王阳明在通往圣人之路上，为我们提供了宝贵的"知行合一"修身方法。知行合一最终是主观世界与客观世界相结合的过程，是理论与实践相结合的过程，是本体良知经过内心确认后积极的呈现过程，是在道德认识、道德意志和道德情感解决后自觉表现出的道德行为。

知行合一，必须落实在行上，笃行中一定有知。一个人的价值，一定是通过行为来体现。家庭尽责，团体尽职，社会奉献，一定是通过行动才能实现。想到做到，是知行合一；说到做到，是知行合一；奉献爱心，是知行合一。

世界许多文明将人格修养诉诸宗教，但阳明心学将提升人格境界诉诸现实。这种入世的修养途径，避免了消极避世，具有积极意义。阳明心学哲学思想体系，以儒家为主，统摄儒释道，因此，既能形而下，注重亲情伦理与家国天下，又能形而上，通达心性本原与天理良知。青年学子，理解知行合一的意义，以知行合一为指引，定能走出属于自己的幸福的人生之路，活出自己的精彩。

3. 坚忍不拔，玉汝于成

阳明心学是实践之学，强调理论的践行。"知行合一""事上磨炼""不动心"蕴含着丰富的实践智慧。理想的实现不是一帆风顺的,而是具有长期性、艰巨性和曲折性,在遇到困难和挫折的时候要坚定信心,敢于向挫折亮剑,敢于战胜心中的恶魔,从而成长成才。在奔赴龙场的路上,王阳明面对异常险恶的处境:"危栈断我前,猛虎尾我后。倒崖落我左,绝壑临我右。我足复荆榛,雨雪更纷骤……"然而,即便如此,王阳明以超越生死的弥坚心志对抗恶劣现实,终于在龙场悟得大道,并获得一生大成。

致良知说乃至整个阳明心学都是一种道德践履功夫,而不是一种思辨理论体系。人若想成大器,就要经得起磨难,把所有的艰难困苦,都当作是对自己的修行。世上本无真正的绝境,只有对困境产生绝望的心。对内心强大者而言,生活的困境不仅是一次洗礼,一段考验,更是实现自我升华和醒悟的契机。

在阳明那里虽然人人具有圣人本质,但并非说人人已是圣人,只是从可能性上言每一个人都是可能成圣的。只有通过"致良知"的工夫才能使良知恢复其全体莹澈、无物不照之本来面目,此过程即是追求生命之解脱与超越的过程。

总体看来,王阳明心学要旨主要包括:心即理、知行合一、致良知。阳明的一生,是追求真理、不断自我完善的一生,他不仅找到了内心的光明,更将这种发现尽力散播,帮助更多的人发现自己内心的光明。

阳明心学告诉我们,良知是心之本体,知行的本体。人是有良知的,人应该不断地发明良知、实践良知,振起人的精神生命。"致良知"是学问修养的灵魂与第一原则。他告诉了我们一条道德人格的上升通道,彰显了人性本来的光辉,强调人性的光辉不仅要照亮我们自身,甚至还要照亮他人。人不应该向下沉沦,不能为物欲所遮蔽,不能陷入异化之中而否定自我的人性。

阳明心学产生后影响巨大。清朝的曾国藩一生都崇拜阳明、效法阳明。近代以来，孙中山、蒋介石、杨昌济、毛泽东等都十分强调阳明心学。党的十八大以来，习近平总书记多次在不同场合强调"知行合一"思想，并提出党性教育是共产党人的"心学"等论述，指明了阳明心学的现代意义与当代价值。

习近平总书记告诫青年学子："一代人有一代人的长征，一代人有一代人的担当。"新时代属于每一个人，每一个人都是新时代的见证者、开创者和建设者，大学生更要以高度的责任感和主人翁精神，树立人人皆可成才，人人尽显其才的理念，不断锤炼担当精神，投身社会主义现代化建设。

【思考与讨论】

1. 请分享触动你的关于王阳明的小故事，并谈谈你的感受。
2. 请结合自己的心路和成长历程，简要谈谈你学习本章的心得体会。

第十六章　苏轼的诗意人生

在中国文化史上，苏轼算得上是一个诗、词、文、书、画集于一身的文化巨匠，是中国古代文化孕育出来的一位智慧人物。他的智慧人生一直启迪后人的人生智慧。

在苏轼的智慧人生中，儒家的入世和有为，绘就了他热爱生活和积极进取的人生画卷；道家的无为，指引他从名利场中走出，在逆境中始终保持一份从容；佛家的静达圆通，则启迪他走向圆润和通达。苏轼坚守儒家的价值观，信念执着；信奉道家的自然观，心态平和；秉持佛禅的本空观，自我解脱。于是，苏轼成就了一个完美而伟大的人生，真正体现了中国人最高的生存智慧和生命智慧。

一、苏轼的生平

苏轼生于景祐三年十二月十九日（1037年1月8日），生于眉州眉山。苏轼的父亲苏洵，即《三字经》里提到的"二十七，始发愤"的"苏老泉"。苏洵发奋虽晚，但用功甚勤。苏轼晚年曾回忆幼年随父读书的状况，感觉自己深受其父影响。苏轼十来岁时就已经博览群书，"学通经史，属文日数千言"。

嘉祐元年（1056），虚岁二十一的苏轼首次出川赴京，参加朝廷的科举考试。翌年，他参加了礼部的考试，以一篇《刑赏忠厚之至论》获得主考官欧阳修的赏识，只因欧阳修误认为是自己的弟子曾巩所作，为了避嫌，评为第二名。

嘉祐六年（1061），苏轼应中制科考试，即通常所谓的"三年京察",入第三等,为"百年第一",授大理评事、签书凤翔府判官。后逢其母在汴京病故,丁忧扶丧归里。熙宁二年(1069)十月,守丧期满回京,仍授本职。

苏轼入朝为官之时,正是北宋开始出现政治危机的时候,繁荣的背后隐藏着危机,此时神宗即位,任用王安石支持变法。苏轼的许多师友,包括当初赏识他的恩师欧阳修,因在新法的施行上与新任宰相王安石政见不合,被迫离京。朝野旧雨凋零,苏轼眼中所见,已不是他二十岁时所见的"平和世界"。苏轼因在返京的途中见到新法对普通老百姓的损害,又因其政治思想保守,很不同意参知政事王安石的做法,认为新法不能惠民,便上书反对。这样做的一个结果,便是像他的那些被迫离京的师友一样,不被容于朝廷。苏轼只得自求外放,调任杭州通判。

苏轼在杭州待了三年,任满后,被调往密州、徐州、湖州等地,任知州县令。政绩显赫,深得民心。这样持续了大概十年,苏轼遇到了生平第一祸事。当时有人故意把他的诗句扭曲,说他以讽刺新法为名大做文章。元丰二年(1079),苏轼到任湖州还不到三个月,就因"文字毁谤君相"的罪名被捕入狱,史称"乌台诗案"。苏轼坐牢103天,几次濒临被砍头的境地。幸亏北宋时期在太祖赵匡胤年间即定下不杀士大夫的国策,苏轼才算躲过一劫。出狱以后,苏轼被降职为黄州团练副使。苏轼到任后,曾多次到黄州城外的赤壁山游览,写下了《赤壁赋》《后赤壁赋》和《念奴娇·赤壁怀古》等千古名作,以此来寄托他谪居时的思想感情。工作之余,带领家人开垦城东的一块坡地,种田帮补生计,"东坡居士"的别号便是他在这时起的。

宋神宗元丰七年(1084),苏轼离开黄州,奉诏赴汝州就任。由于长途跋涉,旅途劳顿,苏轼的幼儿不幸夭折。汝州路途遥远,且路费已尽,再加上丧子之痛,苏轼便上书朝廷,请求暂时不去汝州，先到常州居住，后被批准。当他准备南返常州时，神宗驾崩。年幼的哲宗即位，高太后听政，以王安石为首的新党被打压，司马光重新被启用为相。苏轼复为朝奉郎知登州。四个月后，以礼部郎中被召还朝。在朝半月，升起居舍人，三个月后，升中书舍人，不久又升翰林学士知制诰，知礼部贡举。

当苏轼看到新兴势力拼命压制王安石集团的人物及尽废新法后，认为其与所谓"王党"不过一丘之貉，再次向皇帝提出谏议。他对旧党执政后，暴露出的腐败现象进行了抨击，由此，他又引起了保守势力的极力反对，于是遭诬告陷害。苏轼至此是既不能容于新党，又不能见谅于旧党，因而再度自求外调。他以龙图阁学士的身份，再次到阔别了十六年的杭州当太守。苏轼在杭州修了一项重大的水利建设，疏浚西湖，用挖出的泥在西湖旁边筑了一道堤坝，这就是著名的"苏堤"。

元祐六年（1091），他又被召回朝。但不久又因为政见不合，外放颍州。元祐八年（1093）高太后去世，哲宗执政，新党再度执政，第二年六月，被贬为宁远军节度副使，再次被贬至惠阳。1097年，苏轼又被贬至更远的儋州。据说在宋朝，放逐海南是仅比满门抄斩罪轻一等的处罚。

后徽宗即位，调廉州安置、舒州团练副使、永州安置。元符三年（1101）大赦，复任朝奉郎，北归途中，于建中靖国元年七月二十八日（1101年8月24日）卒于常州。葬于汝州郏城县（今郏县），享年六十四岁，御赐谥号文忠（公）。

二、苏轼人生哲学的发展变化历程

苏轼一生深受儒家传统文化的影响，步入仕途之时抱着"修身、齐家、治国平天下"的宏伟抱负，然而在其政治受挫、遭遇

"乌台诗案"后，身心疲惫的苏轼又试图在佛道中寻求心灵的宽慰。心胸宽广、生性乐观的苏轼在与佛道的结合中自身的文人心态发生了积极转变，他没有完全沉溺于佛道以寻求解脱和避世，而是将佛道思想为我所用，进而转化成为自己人生哲学的精华部分。儒释道的积极融合标志着苏轼人生哲学观的正式形成，而"超脱旷达、随遇而安"便成为他的人生真谛。[1]

1、早期对儒学的笃信

苏轼是个早慧的人，儒家思想的萌芽很早。在苏轼八岁时，"读石介《庆历圣德诗》，慕韩琦范仲淹富弼欧阳修为人……轼曰此天人耶，则不敢知，若亦人耳，何为其不可？……时虽未了，则已私识之矣"。这里令少年苏轼所仰慕的四个人，都是当时的政治家，其思想属于儒家，求的是经国济世之道。苏轼对他们的为人仰慕，说明在他心中，做一番治国安邦的事业对他是极具吸引力的。

苏轼说自己"少年带刀剑，但识从军乐"，他这建功立业的冲动，正符合儒家思想三不朽中的立功。他还"独好观前世盛衰之迹与一时风俗之变……颇能著述"。"好读书，论史，间亦好道。"儒家重人事，重关怀社会，由此可见年少的苏轼确实具有一个优秀儒者的材质。

苏轼在回忆当年（公元1061年）与弟弟子由双双赴科举考试时，内心深处的思想意识完全是以儒学为指导的。"当时共客长安，似二陆初来俱少年。有笔头千字，胸中万卷，致君尧舜，此事何难？用舍由时，行藏在我，袖手何妨闲处看。身长健，但优游卒岁，且斗尊前。"（《沁园春·赴密州早行》），充分展现了儒家的政治理想。

---

[1] 张瑜：《试析苏轼人生分期的儒释道思想及其成因》，《文教资料》2011年第19期，第11–12页。

2、壮年受挫后的佛道思想与积极转变

（1）苏轼与佛道渊源

苏轼的故乡四川自唐代以来，佛教就甚为兴盛，其父苏洵曾经结交蜀地名僧云门宗圆通居纳和宝月大师维简，其母程氏笃信佛教，苏轼从小便对佛教耳濡目染。

苏轼二十多岁初入仕，任凤翔签判时，即习佛于同事王大年，借佛法调解烦闷情绪。通判杭州时常听海月大师宣讲佛理，令自己忧劳纠结的心情获得了意外的解脱：百忧冰解，形神俱泰。从此苏轼就乐于同禅僧广为交往。苏轼学禅主要是为了借鉴禅宗顿悟真如的方式来进行心灵修养。禅宗顿悟理论认为：成就佛道，不需概念、判断、推理等逻辑形式，不需对外界事物进行分析，也不需经验积累，只凭感性直观在瞬间把握事物的本质。苏轼正好借助于此去追逐一种超脱旷达的精神境界。自"乌台诗案"后贬官黄州，他自称："不复作文字，惟时作僧佛语耳。"（《与程彝仲书》）他达到了"物我相忘，身心皆空"（《黄州安国素记》）的境地。

北宋是一个道风很盛的时代，正值发展时期的道教，受到太祖太宗的尊崇，更加蓬勃兴盛。苏轼自八岁起就入天庆观北极院，跟从道士张易简读小学，从那时起，道家思想就在苏轼心中萌芽了，并对苏轼今后的人生产生深远的影响。

苏轼学习和吸收佛道思想，并不是为了避世，更不是出于一种人生幻灭的虚无感，而是体现为一种人生追求。可以说，这是一种高层次的精神追求，是超世俗、超功利的。这种境界，第一个层面可以理解为是一种对世俗人生的超脱。名利、穷达、荣辱、贵贱、得失、忧喜、苦乐等，都是人生现实欲念所生出的一种羁绊和枷锁，到了"静"和"达"的境界，就从这种羁绊和枷锁中解脱出来了。第二个层面，可以理解为达到一种自由的境界，人的精神世界因此而变得无比的开阔和广大。

（2）理想与现实激烈碰撞下思想的积极转变

"乌台诗案"是苏轼人生的转折点。自从他被贬黄州以来，其原来的以儒家思想为主导，辅以佛道，变成了以佛道思想为主导，以儒家思想为辅，"外儒"的一面渐隐，"内释"的一面凸显出来。禅宗随缘凭命思想和苦空观，帮助苏轼度过了人生中第一个贬谪期。他在《参寥泉铭》中说："梦幻是身。真即是梦，梦却是真。"他常常在词中发出"人生如梦"的感叹，这些感叹均是苏轼对人生大彻大悟的深切感受。人生如梦的哲理思辨可以把陷溺在人生苦海中的凡夫俗子超度出来，使他们忘却执着人生的种种欲望，把人生挫折的巨大压抑和心灵痛苦的浓厚阴影统统撒向梦的原野，消融在佛教文化的丰厚土壤之中，生长出郁郁葱葱的随缘与旷达来。

面对尘世的纷纷扰扰，除了将人生的视角由儒家转向禅宗外，苏轼还把生活的兴趣转移到了道教幽居默处的方式上来，受道家思想的影响，苏轼认为人生天地之间，微不足道，于是便借《赤壁赋》一文发出了"寄蜉蝣于天地，渺沧海之一粟"的感叹。苏轼的处世态度真率旷达、自在逍遥，有着非常浓厚的道家成分。苏轼汲取道家思想，形成正直善良、高洁磊落的品格，表现出胸襟博大、豪放达观、天才纵逸的气质。

3、晚年儒释道的融合心态

苏轼以一种全新的人生态度来对待接踵而至的不幸，花甲之年连遭惠州、儋州的二度贬谪。岭南荒远，古人莫不视为畏途，然而当苏轼被贬至惠州时却作诗说："日啖荔枝三百颗，不辞长作岭南人。"（《食荔枝二首》之二）他及贬儋州时又说："试问岭南应不好。却道。此心安处是吾乡。"（《定风波·南海归赠王定国侍人寓娘》）苏轼展现出乐观旷达、随遇而安的人生态度和人生哲学。

儒释道融合思想给兼综众学、广摄博取的苏轼的人生观、价值观、道德观、审美观、文化心理结构、人格修养、仪态风度等都带来了复杂而深刻的影响，苏轼的独到之处就在于他能将三者融合起来，做到圆润贯通，即"外儒内道"，或曰："达则兼济天下，穷则独善其身"，当外界条件允许时，即用儒家思想支配自己在社会上追求事业，积极从政，以身许国，济世救民，施展自己的胸襟抱负；当客观现实与其自身的理想抱负发生矛盾时，就回转来用儒道思想来解脱自己，支撑自己，而做到乐天知命，成为中国思想文化史上罕见的一位"快乐天才"。

林语堂在其《苏东坡传》中有一段精彩的概括，他说："苏东坡是个秉性难改的乐天派，是个悲天悯人的道德家，是黎民百姓的好朋友，是散文作家，是新派的画家，是伟大的书法家，是酿酒的实验者，是工程师，是假道学的反对派，是瑜伽术的修炼者，是佛教徒，是士大夫，是皇帝的秘书，是饮酒成癖者，是心肠慈悲的法官，是政治上的坚持己见者，是月下的漫步者，是诗人，是生性诙谐爱开玩笑的人。"接着他又说了一句，"可是这些也许还不足以勾绘出苏东坡的全貌"。我们认为苏东坡之所以成为亿万人喜欢的苏东坡就在于他融通了儒释道而最后归于平常心。

儒家讲"极高明而道中庸"，佛家讲"平常心是道""现平等相"，道家也有"列子未得道时人皆敬之，得道后人皆争之"的故事。苏轼后期，他的哲学思想经过中期的深刻阶段的发展之后，如他自己所言"绚烂之后，归于平淡"，呈现出一番平常平淡的气象。不再有早期和中期的踔厉风发的高蹈姿态，而是现出类似常人的面目，表现出他参透世道后真正的大彻大悟。

拓展阅读：《前赤壁赋》与《后赤壁赋》

前赤壁赋

壬戌之秋，七月既望，苏子与客泛舟游于赤壁之下。清风徐来，水波不兴。举酒属客，诵明月之诗，歌窈窕之章。少焉，月出于东山之上，徘徊于斗牛之间。白露横江，水光接天。纵一苇之所如，凌万顷之茫然。浩浩乎如冯虚御风，而不知其所止；飘飘乎如遗世独立，羽化而登仙。

于是饮酒乐甚，扣舷而歌之。歌曰："桂棹兮兰桨，击空明兮溯流光。渺渺兮予怀，望美人兮天一方。"客有吹洞箫者，倚歌而和之。其声呜呜然，如怨如慕，如泣如诉，余音袅袅，不绝如缕。舞幽壑之潜蛟，泣孤舟之嫠妇。

苏子愀然，正襟危坐而问客曰："何为其然也？"客曰："月明星稀，乌鹊南飞，此非曹孟德之诗乎？西望夏口，东望武昌，山川相缪，郁乎苍苍，此非孟德之困于周郎者乎？方其破荆州，下江陵，顺流而东也，舳舻千里，旌旗蔽空，酾酒临江，横槊赋诗，固一世之雄也，而今安在哉？况吾与子渔樵于江渚之上，侣鱼虾而友麋鹿，驾一叶之扁舟，举匏樽以相属。寄蜉蝣于天地，渺沧海之一粟。哀吾生之须臾，羡长江之无穷。挟飞仙以遨游，抱明月而长终。知不可乎骤得，托遗响于悲风。"

苏子曰："客亦知夫水与月乎？逝者如斯，而未尝往也；盈虚者如彼，而卒莫消长也。盖将自其变者而观之，则天地曾不能以一瞬；自其不变者而观之，则物与我皆无尽也，而又何羡乎！且夫天地之间，物各有主，苟非吾之所有，虽一毫而莫取。惟江上之清风，与山间之明月，耳得之而为声，目遇之而成色，取之无禁，用之不竭，是造物者之无尽藏也，而吾与子之所共适。"

客喜而笑，洗盏更酌。肴核既尽，杯盘狼籍。相与枕藉乎舟中，不知东方之既白。

后赤壁赋

是岁十月之望,步自雪堂,将归于临皋。二客从予过黄泥之坂。霜露既降,木叶尽脱,人影在地,仰见明月,顾而乐之,行歌相答。

已而叹曰:"有客无酒,有酒无肴,月白风清,如此良夜何!"客曰:"今者薄暮,举网得鱼,巨口细鳞,状如松江之鲈。顾安所得酒乎?"归而谋诸妇。妇曰:"我有斗酒,藏之久矣,以待子不时之需。"

于是携酒与鱼,复游于赤壁之下。江流有声,断岸千尺;山高月小,水落石出。曾日月之几何,而江山不可复识矣。予乃摄衣而上,履巉岩,披蒙茸,踞虎豹,登虬龙,攀栖鹘之危巢,俯冯夷之幽宫。盖二客不能从焉。划然长啸,草木震动,山鸣谷应,风起水涌。予亦悄然而悲,肃然而恐,凛乎其不可留也。反而登舟,放乎中流,听其所止而休焉。时夜将半,四顾寂寥。适有孤鹤,横江东来。翅如车轮,玄裳缟衣,戛然长鸣,掠予舟而西也。

须臾客去,予亦就睡。梦一道士,羽衣蹁跹,过临皋之下,揖予而言曰:"赤壁之游乐乎?"问其姓名,俯而不答。"呜呼!噫嘻!我知之矣。畴昔之夜,飞鸣而过我者,非子也邪?"道士顾笑,予亦惊寤。开户视之,不见其处。

三、苏轼的人生哲学要领

1、坚毅刚强的意志和旷达乐观的心态

苏轼一生几经沉浮,历尽磨难。可以说在中国古代的文人士大夫中没有人比得上苏轼经受的磨难艰辛和沉重。但是,在接踵而至的各种灾难面前,他既没有躲到山林、田园去逃避现实,也没有沉入谷底,自暴自弃,更没有厌倦人生而终止生命,而是直面人生的各种苦难,竭尽所能地加以化解,并作为一种养分滋润生命。

宋神宗元丰二年（1079）七月，苏轼因"乌台诗案"被捕入狱，至十二月底方结案出狱贬往黄州。初到黄州，苏轼写道："自笑平生为口忙，老来事业转荒唐。长江绕郭知鱼美，好竹连山觉笋香。"这里没有不平、痛苦和悲愤，呈现给人们的却是这样平和的精神境界和人生姿态。苏轼在黄州时所做《定风波·沙湖道中遇雨》中写道："莫听穿林打叶声，何妨吟啸且徐行，竹杖芒鞋轻胜马，谁怕？一蓑烟雨任平生。料峭春风吹酒醒，微冷，山头斜照却相迎，回首向来萧瑟处，归去，也无风雨也无晴。""一蓑烟雨任平生"表达的是作者顽强乐观的信念和超然自适的人生态度。

宋哲宗绍圣元年（1094），年近花甲的苏轼被贬到惠州。岭南偏僻荒远，历来被视为没有生还希望的畏途。快到惠州时，他看到的是"江云漠漠桂花湿，海雨翛翛荔子然"。他的内心涌动着欢悦甚至是激动之情，被流放的悲愤和对未来不可预料的生活的担忧，就这样被他的乐观和信念化解了。在《十月二日初到惠州》中他这样写道："仿佛曾游岂梦中，欣然鸡犬识新丰。""岭南万户皆春色，会有幽人客寓公。"身处蛮荒瘴疠之地的苏轼，竟然发现并欣赏着岭南的"万户春色"，他以一颗自由、平和、宽厚的心灵亲切拥抱着面前的这个世界，就像那山间的明月、天外的行云舒展而轻松，自在而从容。

宋哲宗绍圣四年（1097），62岁的苏轼被贬至儋州，直到65岁遇赦北归。与前两次的黄州、惠州之贬相比，这次的儋州之贬，苏轼的处境更加艰难，生活也更加艰辛。今天的海南岛是著名的旅游胜地，而在当时是人无法生存的荒凉之地，被称为"鬼门关"，很多人认为，苏轼这次是无法活着回来的。面对如此恶劣的生存环境和人生处境，他没有畏惧，没有悲观，依然同在黄州、惠州一样，笑对人生，坦然从容。在去往海南的路上，苏轼说："他年谁作舆地志，海南万里真吾乡。"历经沧桑的苏轼在离开海南时的《六月二十日夜渡海》诗中这样写道："九死南荒吾不恨，兹游奇绝冠平生。"本来是最痛苦的贬谪，诗人却认为这是平生一次出游之"冠"，因为他看到了海内看不到的"奇绝"景色，这样即使"九死南荒"，他也"不恨"。正是这份气度、这份胸襟、这种精神境界，让苏轼在最危险、最艰难的贬谪生活里，依然坚强、达观。

苏轼曾经在《自题金山画像》这首诗中说："问汝平生功业，黄州、惠州、儋州。"黄州、惠州、儋州时期是诗人人生最为低落、最为艰难困苦的贬谪时期，而苏轼却将它们视为自己一生"功业"最辉煌的时期。我们对他将自己平生功业归于三州的概括，绝不能简单地以牢骚语，或自嘲语，或自慰语视之，而应该看到这是他对自己人生追求的独特理解，从中露透出来的，同样是超出凡俗人生境界的诗人的人格魅力。

2、热爱生活并从简朴的生活中发现诗意

苏轼一生大起大落，但他时刻对生活充满着无限的热爱。他善于从普普通通的日常生活中，甚至是很简朴的，乃至有点艰苦的物质生活中间发现幸福感，发现美感，发现诗意，从而诗意地栖居。

大自然在古代知识分子眼中经常是极其重要的。它就像一个待挖掘的无穷宝库，内藏着最广大、最深邃的智慧。苏轼寄情山水，从大自然中获得无穷的乐趣，享受大自然带来的自由，表现出一种开朗乐观的生活态度。《超然台记》中开篇即说："凡物皆有可观，苟有可观，皆有可乐。非必怪奇伟丽者也。哺糟啜醨，皆可以醉，果蔬草木，皆可以饱。推此类也，吾安往而不乐？"

苏轼是极懂生活的人，即使是在物质生活最困苦的时候亦具有顽强的生命活力,随处发现当下生活的乐趣,过得有滋有味,兴趣盎然。花甲之年,苏轼被贬到一块未开化的蛮夷之地——儋州。但苏轼硬是把这个蛮荒之地变成了"诗和远方"。没有好吃的东西,他就开发了牡蛎。没有朋友玩,就自己找乐子,办起学堂,教起了书,培养出了海南历史上第一位举人姜唐佐,第一位进士符确。

苏轼是一位与诗歌共着生命的人,生命不止,笔耕不辍。诗歌倾吐着他内心的喜怒哀乐,表达着他对生活的热爱。苏轼的诗词是生活和艺术的融合,既来自生活,又高于生活。苏轼实践道德、吟赏风月、陶冶性情,体现了他对生命的珍视和对快乐的诠释,圣贤之乐与世俗之乐在他身上得到了完美的统一。[1]

拓展阅读:苏东坡与妻子王弗的爱情故事

王弗,青神县乡贡进士王方的女儿,16岁嫁给东坡,生子迈,27岁卒于京师,封通义君,随东坡11年。王闰之,字季章,王弗之堂妹,王君锡之幼女,王弗死后三年嫁给东坡,时年21岁,生子迨、过,46岁卒于京师,封同安君,随东坡25年。王朝云,字子霞,钱塘人,初为歌女,12岁时入东坡家为侍女,约在19至20岁,于黄州归于东坡,21岁生子遁,绍圣间随侍东坡贬惠州,34岁病亡,事东坡23年。

在王弗的家乡青神县至今流传着一个充满浪漫色彩的"唤鱼联姻"的故事,代表着民间对苏轼、王弗初恋的看法。年轻的苏轼曾于青神县中岩书院随乡贡进士王方读书,书院不远处有寺立于峭壁之上,峭壁之下有潭,拍手潭上,群鱼便应声而出。寺院长老与王方商量给此潭取个名称,王方遂邀集文士及学生雅集,为潭命名。众人所命"藏鱼池""引鱼池""跳鱼池""观鱼池""看

---

[1] 周晓音:《论苏轼在杭州时期的文化性格》,《浙江师范大学学报(社会科学版)》2010年第4期,第22–27页。

鱼池""钓鱼池"皆不能令人满意。至苏轼"唤鱼池"一出，举座皆惊。正好王方的女儿王弗也从闺中让丫鬟送出自己的命名，打开一看，与苏轼不谋而合，众皆叹绝。王方欣赏苏轼才情品格，有意将爱女许配于他，一段美丽的爱情从此开始。

初恋是美好的，但在封建时代往往只能把夫妇之爱收藏在心灵底层。苏东坡对王弗的感情，在她去世之后才得以表达出来。王弗去世一年之后，苏东坡遵父亲遗嘱，将她迁葬老家眉山母亲坟墓之侧，爱妻生前的情景一幕幕浮现眼前，于是他亲自为爱妻写了墓志铭，此铭实际是一篇人物传记。文中一段说：

君之未嫁，事父母，既嫁，事吾先君、先夫人，皆以谨肃闻。其始，未尝自言其知书也。见轼读书，则终日不去，亦不知其能通也。其后轼有所忘，君辄能记之。问其他书，则皆能略知之。由是始知其敏而静也。从轼官于凤翔，轼有所为于外，君未尝不问知其详。曰："子去亲远，不可以不慎。"日以先君之所以戒轼者相语也。轼与客言于外，君立屏间听之，退必反覆其言曰："某人也，言辄持两端，惟子意之所向，子何用与是人言。"有来求与轼亲厚甚者，君曰："恐不能久。其与人锐，其去人必速。"已而果然。将死之岁，其言多可听，类有识者。

文章抓住三个侧面，突出王弗形象的主要特点：首先是出嫁前后对父母公婆的侍奉，突出其孝顺谨肃之特点；其次是陪伴丈夫读书，以心默记，以见其聪慧雅静之特点；再次是谨记公公的告诫，提醒丈夫要慎于接物，以突出其有见地之特点。苏轼生性外向，才华外露，本真耿直，不事伪饰，短于保护自己，如车之轼，父亲苏洵既欣赏又为之担忧，故给他取名为"轼"。苏轼自己非常清楚自己这种性格，也为自己的这种性格吃了不少亏，然而本性使然，岂易更改？妻子却正好能够时时警诫自己。苏轼在妻子生前也许并不在意，但在她离去之后，他强烈感受到妻子的贤惠细心，感受到妻子对丈夫的挚爱。所以这一点成为文章着意表现的重点，占了全文的绝大部分篇幅。剪裁精要，语言质朴，感情平实而真实，可谓一篇优秀的传记作品，凝聚着苏东坡对初恋妻子的深沉之爱。

但是对王弗的感情更加强烈的表达却是到了她去世10年之后。熙宁八年（1075）正月二十日夜，密州任上的苏轼梦见了王弗，惊醒后作了一首感动千古的词作《江城子》：

> 十年生死两茫茫。不思量，自难忘。千里孤坟，无处话凄凉。纵使相逢应不识，尘满面，鬓如霜。夜来幽梦忽还乡。小轩窗，正梳妆。相顾无言，惟有泪千行。料得年年肠断处，明月夜，短松冈。

这首词被称作中国历史上悼亡词的开篇之作，具有极其强烈的艺术感染力，受到当代学者的高度评价。

（摘编自李景新：《苏东坡的爱情及其文学表达》，《海南热带海洋学院学报》2022年第1期，第72-86页）

3、兼济天下，奋发有为，实现人生的不朽

苏轼秉承了儒家仁民爱物的精神，他勤政为民，每为官一处，皆能留爱一方。仕杭期间，苏轼疏浚西湖，治水筑堤，后人为纪念他将堤命名为"苏堤"。他随时赈灾施药，"有德于民，家有画像，饮食必祝，又作生祠以报"（《宋史·本传》）。在徐州任上，黄河横决，水位急升，苏轼亲自"庐于城上，过家不入"（《宋史·本传》），与老百姓一起奋战七十余天，终于战胜洪水，保全了全城生命财产。在黄州，他投书拯救女婴。在惠州，他收葬暴骨，助修西桥、医院和饮水工程，救火灾，推广秧马，等等。他曾说"眼前见天下无一个不好人"。苏轼的一生是爱民的一生，是无私奉献的一生。

苏轼很重视做人的品德节操，特别看重"诚"和"正"，反对口是心非。由于讲求"诚"与"正"，在政治上他坚持"守道"，不看人行事，不见风使舵。在他一生的政治实践中，他都表现出赋性刚直，为人正派，能不顾个人的利害得失而坚持"守道"。他初反对王安石变法，尔后又反对司马光尽废新法，都是在两人做宰相而权势极盛的时候，他并没有为了自己的飞黄腾达而去趋附和吹捧他们，而是从自己的政治认识出发去反对和批评他们，利害得失置于不顾。苏轼用一生实践了儒家士人"立德"的誓言。

苏轼在诗、文、词等方面都有不俗的成就，留下许多不朽篇章。苏诗计有两千七百多首，有着高超的艺术技巧和重要的历史价值；苏词计三百多首，意境开阔，风格多样。苏轼的散文，继承了欧阳修平易自然的文风，融说理、叙事、抒情于一体，成为后世学人的楷模。此外，苏轼在书法和绘画上也卓有成就。

古人早有"立德、立功、立言"的"人生三立"，这就是所谓"人生三不朽"。苏轼不仅在德、功、言三个方面均有建树，给后人留下了宝贵的物质财富与精神财富，成为中国古代文人士大夫的标杆。

四、苏轼人生哲学的当代启示

苏轼一生宦海浮沉，三起三落，沉时不自苦，浮时无自妄，洒脱自得，俯仰皆趣，这与他的人生态度是分不开的，而苏轼这种达观的人生态度对于当代青年启发良多。[1]

1. 做一个真实而有温度的人

儒家讲仁爱之心，佛家云慈悲之怀，苏轼一生尚儒好佛，他

---

[1] 陈东胜：《浮沉葆初心，奇游冠平生——谈苏轼的人生态度对青少年的启发》，《兰州交通大学学报》2021年第3期，第4页。

的生命底色始终是温暖的。与弟苏辙，二人向来手足情深，既是兄弟，又是知己，人生路上守望相助，互相扶持。对于妻妾，生时敬重关爱，亡后深情悼念，语无伪饰，情出自然。对素不相识的陌生人，白扇作画，还归地契，苏轼亦能体察苦难，慨然相助。即使是面对将他一贬再贬的政敌章惇，苏轼亦能释怀芥蒂，云淡风轻地以德报怨。正是这样的生命温度，无论前路风雨如晦、日月不明，苏轼总能守住内心的安宁，将温柔与豁达还之与世界。

与李白一样，苏轼也是一位潇洒绝俗的风流之士，他同样鄙弃荣华富贵而追求理想境界，他同样爱与僧侣、道士交游并深深地浸润于各种宗教，但是东坡从来不向往海外仙山或西方净土，他明确申明："我欲乘风归去，又恐琼楼玉宇，高处不胜寒。起舞弄清影，何似在人间！"宋神宗读到此句时感动地说："苏轼终是爱君。"其实，苏轼"深切依恋的对象不仅是君主，也不仅是家人，而是整个人间"[1]。

2. 做一个达观且有趣味的人

在现代社会快节奏、高消费、重功利的文化语境中，现代人的生存压力已如一道高墙横亘于我们面前。而与物质条件的极大改善相比，现代人承受困难的能力却没有得到相应提高。在此情况下，像苏轼一样，做一个达观且有趣味的人尤其重要。

苏轼的一生是宦海沉浮、几度贬谪的一生。但苏轼一生中心情忧伤哀怨的时候并不多，他更多的是以一副乐观、愉快的面容出现于世人面前，以至于林语堂称他为"无可救药的乐天派"。

宦海沉浮，几度贬谪，苏轼却始终保持随缘自适的审美化态度。他善于在琐细的平凡的生活中寻找多姿多彩的生活内容，在千姿百态的物态世界中陶冶自己的性情，升华自己的人生境界，

---

[1] 莫砺锋：《漫话东坡》，南京：凤凰出版社2008年版，第207页。

并把这种境界转化为艺术的创造，以实现人生价值的最大化展现。大自然的风雨雷电，人生命运的惊涛骇浪，在苏东坡面前，都被淡然化之，最终进入"也无风雨也无晴"的境界。

　　台湾诗人余光中曾说，倘若择一人同行，他不愿意与李白为伍，因为青莲才高但不肯担责；他也不愿意与杜甫为伴，因为子美困苦且过于严肃；而东坡确是最好的朋友，是顶顶有趣的人。苏轼擅丹青，工书法，精诗文，通佛理，爱美食……博学多才，雅俗共赏。他可与文友唱和，对酒当歌，吟诗作赋；也可以云集父老，杀鸡痛饮，醉卧达旦；还可以夜赏海棠，彻夜不眠。世间俱是诱惑，初心不曾忘却，如苏轼一般做一个达观且有趣味的人，洞明世事，守护本真，不活在别人的眼耳口舌中，而是在自己的世界里，进退自如，宠辱不惊。

　　3. 做一个自由又有韧度的人

　　庄子以人的生存和生命的自由为大用，他指引人们打开封闭的心灵，摆脱世俗的成见，从人为物役的怪圈中走出来，达到一种心灵的开放和自由的审美的生存。尽管这种审美生存方式不可能直接改变异化的现实，却能指引人们向善向美，追求独立的人格和尊严，具有心灵超越的意义。苏轼对庄子理想人格的修养方式心领神会：既然人的命运不由自己把握，那就应该忘却功名利禄，使生命自由自在。在《后赤壁赋》中，苏轼托一个梦境最终实现了在《前赤壁赋》中那种与天地万物融为一体、遨游时空的理想：主体生命和天地宇宙的一种诗性交融，主体精神生命与天地诗心契合的一种诗意飞翔。

　　苏轼的生命像一颗韧劲十足的种子，不论被抛向何处，始终不曾停歇地萌发、生长，释放着生命蓬勃的力量。在水边，是烟云笼罩下的晴滩疏柳，沐江上清风，伴山间明月，耳得之而为声，目遇之而成色，绘出华美的人间春景。在荒野，是皑皑飞雪中冰姿玉骨的岭外梅花，依依含笑，暗香浮动，听渔樵问答，着竹杖芒鞋，过一蓑烟雨，且吟啸徐行，归山头斜照，任落英满卮，也无风雨也无晴。在远方，是凄风苦雨里的天涯芳草，更行更远，更生更青，和原上草为伍，与陌上花成友，为旅人的行途添上一抹生命暖色。

【思考与讨论】

1. 你最喜欢苏轼的哪个作品？为什么？请与同学们一起赏析。
2. 你从苏轼身上学到了什么？请和同学们交流一下。
3. 请概括苏轼人生哲学的主要内容。